U0130805
培育子女成才的
12
道
密碼
曾鈺成 × 朱子穎 × 郭致因
親身分享教育心得

學做家長、做好家長

親職知識並沒有單一的方程式。每位孩子都是獨一無二的個體；為人父母者，對孩子的健康、快樂成長都充滿期許。但家長同時肩負重大責任，面對子女不同成長階段的需要，要盡力履行父母職責，殊不容易。

品格修養、學習能力、家庭引導和學校教育，可說是培養子女成才的重要元素。在教養孩子的路上，每位父母都並非一帆風順。每當遇上氣餒、困擾或挫折，旁人的分享與啟迪，往往可給予智慧，讓大家能有所進步，成為更稱職的父母。

本書把培養子女成才的主要原則，歸納為十二單元，深入剖析每項原則的內容及重要性。承蒙曾鈺成先生、朱子穎先生及郭致因女士的鼎力協助，從他們不同經驗和角度，分享培育新一代成才的心得。每個單元同時輔以一些可供父母運用的小錦囊，鼓勵大家應用和實踐。

我們深信，每位父母都希望做好家長的角色。而做好家長，必須與時俱進，不斷學習與充實自己。我盼望本書能成為現代父母的學習指引，從中找到培育子女成才的正確目標、原則與方法，並享受與子女一同學習、一同成長的樂趣。

何永昌
香港青年協會總幹事
二零一八年七月

目錄

「培育子女成才」的 12 道密碼——導讀

香港家長特別重視子女成才。由大學選科至中學文憑試、中學選校至評分試，以及早至小學入學、甚至申請幼稚園，莫不如臨大敵，努力爭取，是故有所謂「贏在起跑線」之說。

我們認為培養子女成才當然不只於催谷學習成績、選「神科」入名校， 更重要的是要養家長明白到子女的學習能力不只是天賦，也不是靠打針催谷。子女能否成才，個人天賦、品格、家庭和學校均是成才關鍵。

提升個人的學習能力和品格修養

我們把學習能力和品格修養視為「培養子女成才」個人的因素。在學習能力上，我們相信子女透過學習而成長。讚賞鼓勵、提升子女對事物的好奇心及學習成功感是提升學習動機的重要因素，如何運用這推動力協助子女成才，是家長一大挑戰。在品格修養上，我們相信提升子女的抗逆力、獨立自主、主動性及正向情緒管理為品格修養的重要環節，這幾個環節能互相配合，才能有效培養子女良好品格。

建立良好家庭環境和提供合適學校教育

家庭環境和學校教育視為「培養子女成才」環境因素。學校和家庭是子女成長的重要地方，良好的學校教育和家庭環境有效發揮子女自身的學習能力及潛能。學校除學習一般知識外，也是學習社交能力、團隊合作及學習習慣地方。家庭是子女成長的溫室，家人能有效溝通、家庭能提供足夠的安全感及有良好的閱讀氣氛，對子女成能否成才起了關鍵作用。

我們相信以下四大元素影響子女成才的重要因素，彼此互相索引，互相影響。

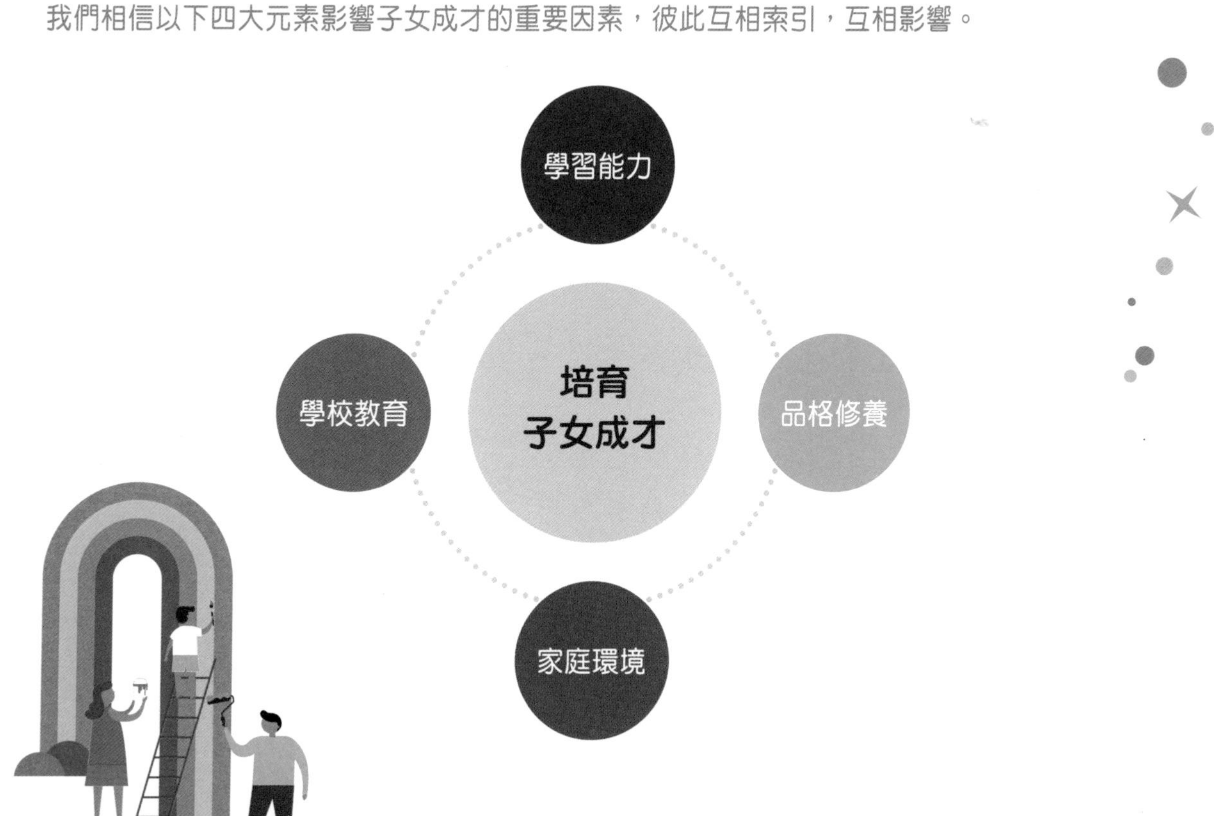

四個重要因素的內容列表如下：

學習能力	品格修養	家庭環境	學校教育
自主及 持續地學習	培養良好 品格修養	家庭栽培及影響	學校決定好前途？
1. 讚賞助自主學習	4. 獨立及主動性格	7. 有效的家庭溝通	10. 良好的家校合作
2. 感受成功的經驗	5. 足夠的抗逆能力	8. 擁有家庭安全感	11. 適合子女的學校
3. 對事物生好奇心	6. 正向的情緒管理	9. 良好的閱讀氣氛	12. 多元化活動提供

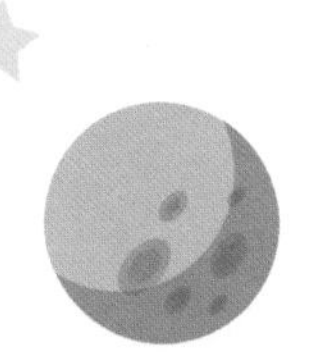

嘉賓簡介

曾鈺成

大紫荊勳賢，GBS，JP

現任培僑中學、培僑書院校監及培僑小學校董。中學就讀聖保羅書院，1968 年畢業於香港大學數學系，獲一級榮譽文學士；1983 年獲香港大學教育學碩士。1969 年起任教培僑中學，1985 年升任校長，1998 年改任校監；1998 至 2016 年出任立法會議員，2008 至 2016 年出任香港立法會主席。

於2004開始推動「電子書包」工作，並積極參與各項有關資訊科技及創新教育活動，主講相關講座逾300多次。連續三年獲卓越教師最傑出教師 （2008、2011、2012及2013年度）。2010年，於Microsoft「香港創意教師2010」比賽獲得「香港創意教師」及「教師中的教師」。四度代表香港，出席位於巴西、南非、華盛頓及布拉格舉辦的「全球創意教育比賽」。2013年起出任浸信會天虹小學的校長，成為全港最年輕的津貼小學校長，在校內推動體驗式教育，五年內將天虹小學從六班殺校邊緣挽救為22班。於2016共同創辦「DreamStarter啟夢者計劃」，將下午課堂變成由學生主導的夢想實現活動，數年內已由天虹小學推動到全港11間學校。

教學網誌：www.facebook.com/mrchuclassroom/

草姬國際有限公司行政總裁，現任創意創業會副會長及青躍 Teen's Key 董事，曾任樂善堂總理（2016），於 2006 年獲得由城市青年商會頒發的「創意創業大獎」。現育有兩女，兩女兒就讀於本地小學，後轉讀國際學校，並往海外升讀大學。大女兒主修國際關係，現職於麥肯錫顧問公司；二女兒主修歷史，曾到訪非洲北部摩洛哥從事義務工作。郭致因一直致力推廣健康教育，除應邀出席健康講座活動外，亦替報章及雜誌撰寫健康資訊專欄，亦是一位業餘畫家。曾出版多本關於兒童成長書籍，包括《迫切「性」問題》、《孩子的黃金腦袋》、《希希變快樂了》及《寶寶的食譜》等。

第1道密碼
讚賞的
神奇力量

相信現今不少家長都會抱怨：叫子女學習像拉牛上樹，更不要說要他自學。如何去培養及提升他的自學興趣和能力？家長或許可以嘗試從讚賞做起。

在中國傳統教養思想中，大人怕「讚壞」子女，在教導子女時，容易高舉責罵旗幟，當子女愈罵愈反叛時，家長又會慨嘆這一代真難教。

的而且確，教導這一代的子女甚具挑戰性。在互聯網及電子傳媒的影響下，不少子女年紀輕輕，已經懂得上網且活躍於網絡世界，他們知的事甚至比父母多，以致容易挑戰父母的權威。對父母的負面管教會顯得憤憤不平而感到抗拒、甚至反彈，往往令親子關係緊張之餘，亦令管教變得格外困難。

在催眠學裡，人的潛意識會將接收的訊息變成實際的行動。一個常常被讚的孩子，會感到被接納、被欣賞和被肯定。而他的潛意識會接收到一些正向行為的訊息，那麼他的行為就會自自然然變得更好、更正面而不負期望，反之亦然。

試想想，如果你是子女，飯後幫手洗碗，你媽媽即時欣賞你是個很體貼媽媽並幫得手的孩子。你會否感到很開心而更願意將來幫手做得更好？相反，你媽媽不但沒有讚賞你，還會嫌你手腳慢，做得不及哥哥好，你會否感到沮喪而下次不想再幫媽媽手？人希望被欣賞是人之常情，故持之以恆的 讚賞和肯定，是建立孩子好人品、強化好行為的不二法門 。

讚賞包括當面或電話中的言語稱讚，也包括字條、WhatsApp、社交網絡的文字欣賞，當然有時亦會涉及物質方面的獎賞。要達至最佳效果的讚賞，大家可以參照以下原則：

- 讚賞要具體、清晰及盡情；
- 讚賞要著重小成就、小進步，要即時及適時進行；
- 讚賞要配合孩子的年齡及情況而定。如涉及公開、社交媒體或其他人面前的讚賞，就要考慮到子女的年齡及性格是否喜歡；
- 如有需要物質的獎勵，要適當及適量，切勿過量；

- 微笑點頭、拍拍肩膀、真情擁抱，以及同樂同吃的經驗可以是最佳的獎賞。

也許有家長會提出：子女太多缺點，找不到稱讚的東西。那我們該要想一想，對著子女時，我們的眼光是否只落在缺點或做不好的事情上？自己是否只看到成績或表面的行為？舉個例子，一個默書不及格的子女，可能他已較上一次用功，成績已比上一次進步，難道這不值得我們欣賞嗎？一個打弟弟的兒子，原來是因為弟弟玩電掣，他想幫爸媽手去教導弟弟、避免危險。他的動機不也值得我們欣賞嗎？故此，在這類情況下，我們可努力尋找欣賞子女的理由，然後再與他商討改善的行動。

假如子女的表現強差人意而家長又無法找到要讚的東西時，那家長可以說說自己對此事的感受，該行為對其他人的影響。再與子女探討當中的原因及可改善的方法。最後要相信他，盼望他可以做得更好、變得更正面。

以下節錄了美國著名教育心理學家羅諾德（Nolte，1998）一段發人深省的話：

「批評中長大的孩子，責難他人。
敵意中長大的孩子，喜歡吵架。
嘲笑中長大的孩子，個性羞怯。
羞恥中長大的孩子，自覺有罪。
鼓勵中長大的孩子，深具自信。
稱職中長大的孩子，懂得感恩。
認可中長大的孩子，喜歡自己。」

從今日開始，就讓我們更多地讚賞和欣賞子女。久而久之，我們自會慢慢體驗到這股改變人心的神奇力量

父母要賞罰分明

曾鈺成

前立法會主席曾鈺成先生，不單是政治人物，多年來在培僑中學擔任老師、校長，以至現在的校監一職，對教導學生自有一套獨特心得。透過是次訪問，曾鈺成把自己的成長經歷娓娓道來，並和大家分享對培育子女的看法。

家長要做孩子的榜樣

曾鈺成說，影響他最深的人，莫過於是他的父親。「我的父親是一位文員，他在商會其中一項主要的工作，就是抄寫和印製文件。在沒有電腦和打印機的年代，複印文件的方法是油印：把蠟紙放在有網紋的謄寫鋼版上，用鋼尖謄寫筆在上面書寫，然後放到油印機印刷。你可以想像那是一個類似罰抄的過程，反反覆覆的，這份工作的

性質聽起來相當無聊。」父親經常要把寫蠟紙的工作帶回家裡做，小時候的曾鈺成，站在一旁看父親寫字，卻有著另一番感受：「我感覺到爸爸對這份工作不但十分認真，而且相當喜愛，我常覺得他不像是在抄寫文件，反倒是在製作藝術品，潛移默化之下，我慢慢地覺得寫字很有趣。」

父親熱愛書法，曾鈺成坦言羨慕爸爸寫得一手好字：「每逢過年，廚房裡貼的『定福灶君』、家門前貼的『五方五土門神』、『前後地主財神』都要更新，這時嫲嫲便會拿紅紙來叫爸爸寫，我則在旁欣賞。」父親在兒子小五時，買了一本《黃自元間架結構九十二法》給他練字，曾鈺成藉此強調身教的重要性：「小孩子最喜歡模仿大人，所以父母要做孩子的榜樣。」

曾鈺成憶述，中二時他當選班長，要負責填寫課室座位表，鑒於平日在家訓練有素，他把每一位同學的名字都寫得秀麗工整，後來班主任看到後，不禁驚嘆地「嘩」了一聲，還稱讚他：「啲字好靚！」曾鈺成形容，當時他感到洋洋得意，自覺自己多了一些價值，老師的讚賞大大地提升了他的自信心，同時推動他繼續積極用心地寫一手好字。

雖然後來的專科不是中文，曾鈺成亦不以其書法謀生，但曾鈺成仍然記得 50 多年前老師的讚賞，雖然對學業或分數沒有直接幫助，但肯定對他繼續用心寫字有很大鼓勵。讚賞能夠引發動機，這是一個很好的例子。

獎罰分明，提升自學能力

除了做子女的榜樣，曾鈺成建議家長督促子女學習時，也要配合適當的獎賞和懲罰，好讓孩子知道現實世界不是兒童樂園，不能沒有節制地隨心所欲，曾鈺成說：「學生要有足夠的語文能力，才能在社會上立足。家長在督促子女做中英文功課時，可試試對孩子說，『乖乖完成功課，星期日就帶你去迪士尼玩！』又或是『若不做好功課，接下來的生日就沒有禮物收了！』」曾鈺成憶述自己當年小學會考（即後來的升中試）的經驗，那時他考了全港第一名，父親為兒子感到非常驕傲，買了一隻手錶給他，作為獎勵，曾鈺成對這件事印象非常深刻：「以我們當時的家境來說，手錶是很名貴的奢侈品，我爸爸自己也從未戴過。」自此之後，他更加發奮圖強，不負父母所望。

自學能力是孩子適應社會必須掌握的一項基本技能，在現代社會顯得尤其重要。常言道：「授人以魚，不如授人以漁。」與其教授孩子更多知識，倒不如以身作則，做孩子的榜樣，再配合適當的獎賞和懲罰，提升他們的自學能力。

讚賞小錦囊

1 用以往經驗做比較

家長可與子女回想以往經驗做一個比較，並提出實際的證據支持子女進步，以及值得讚賞的地方。

“你今次中文測驗有 75 分，比上次進步了 8 分，媽媽知道是你努力的成果，我替你開心呀！”

“今次英文作文雖仍屬不及格，但已比上次進步 10 分，這證明你近日多看了英文書真的有幫助。只要繼續堅持下去，你就會不斷進步！”

Good Job

2 讚賞可改變的因素

家長應著重讚賞可改變的因素，例如在學業上是否努力溫習、願意放棄上網時間或安排好溫習時間表，或者願意主動向人道謝以表達有禮之情。而讚賞不應著重不可改變的因素，如子女的年齡、性別及身體特性等。

“剛才雖然好疲累好想坐下休息，但你一見到那位婆婆就毫不猶疑地讓位給她，你真是一個善解人意的好孩子，從那婆婆的表情就可知道她有多開心及欣賞你呢。”

“我知道你為了爭取更好成績，在考試期間願意減少每日上網的時間，加緊溫習，媽媽見到你改變，十分欣賞。”

3 讚賞付出過的努力

子女有良好表現是應該給予讚賞的，這才能有效建立子女的自信和能力感。讚賞其努力十分重要，因為努力是可以掌握和控制的。如果只讚子女「好叻」、「好聰明」而沒提及努力的重要性，下次子女未能做到要求時，他就會否定自己，覺得自己不行。

“你為了這次跑步比賽，每日放學都抽時間好努力訓練，現在已見到有明顯進步了。”

“學習英文真的不容易，你每日花時間閱讀英文報紙，又主動向老師請教文法上不明白的地方，媽媽見到你的努力及付出，繼續努力下去，必見成效。”

第2道密碼

成功感是自學之首

學習包括學科或非學科的，不一定是功課或讀書。生活上每一個環節都是學習，對將來成長及發展均有重大影響。怎樣可以建立子女的自學能力，表面上是一個教育問題，實際上，家庭環境舉足輕重。

這裡有五個關鍵，大家也可以嘗試一下：

1. 讓子女親身感受成功的經驗

當面對挑戰或困難時，有些家長會因為心急或怕子女力有不逮而出手相助，卻不自覺地剝奪了他們親身獲得成功的經驗。父母要容許子女有犯錯的機會，從挫敗中學習和親身經驗，讓子女自己嘗試找尋解決困難的方法，避免直接提供援助或即時答案，才能培養出子女的成功感。

2. 提升學習的樂趣

完成學校功課不是唯一的學習方式，閱讀、玩耍都可以是學習。要子女能夠持續學習，首要是讓他們對學習的方式和主題產生興趣。只要有樂趣，子女就會樂在其中。家長不必拘泥於一時的成功和失敗，只要在過程中培養到樂趣，子女就會繼續嘗試。家長的角色是在家中提供不同的學習機會，並思考如何令子女在學習中感到樂趣。

3. 目標要合理，循序漸進

如果學習目標太高、難度太大、難以達成，會引發子女的挫敗感；但目標太低、太易做到，又會缺乏挑戰性，沒有成功感，難以提高學習動機。家長可以評估一下子女的能力，看一看他們是否有能力完成，是否需要更多協助？透過不斷評估子女的能力，循序逐漸提高難度，學習就能變成持續而有成功感的挑戰。

4. 善用鼓勵和讚賞

用鼓勵和讚賞最能有效引發持續的學習行為。這不是叫大家隨便讚賞，而是要讚得其所，在子女做得好時，具體指出哪些地方做得好。即使在負面情況下，也可以找到正面的地方。讚賞不單要讚得其所，更要讚得具體、讚得合時。

5. 發掘興趣和創意，擴闊體驗

家長覺得有趣的東西，子女未必覺得；同理，家長覺得有用的，子女亦未必覺得有用。家長在安排子女的學習經驗時，不妨由子女的角度出發，讓他們做主導。家長可以安排多一些學校學習經驗以外的機會，讓子女有不同的體驗和了解，並能接觸新知識。每一個新鮮的體驗都是學習機會，家長的角色是提供機會，並於活動後協助他總結經驗。但請留意，學習是需要時間及空間的，太多太密集的學習只會令子女透支，打擊其學習意欲。

在充滿鼓勵和讚賞的成長環境有利建立成功感，家長不必擔心一時的成功失敗，最重要是令子女能夠親身體驗成功的喜悅。

夢想 Dream Starter

朱子穎

談到成功的經驗，朱子穎校長本人就是一個很好的榜樣。自他上任浸信會天虹小學校長一職，引入「快樂學校」教學理念、推廣資訊科技教育，就迅速地令這間瀕臨殺校的小學，蛻變成教育界的改革新焦點。朱子穎憶述這段成功的經驗：「2013 年，我剛剛加入天虹，當時學校只有 110 名學生及 14 位老師，面臨嚴峻的殺校危機，很多教育界朋友都異口同聲地建議我要催谷學生的考試成績，特別是加強英文的訓練。」然而，朱子穎並沒有乖乖聽話，反而減少了學生的功課量，引入體驗式課程，結果造就了今天的天虹小學。

突破傳統，師生共同追夢

自 2016 年起，朱子穎在校園裡推行「DreamStarter」計劃。計劃以「超學科」的雙學制運作，午飯前按資助學校的課程分班分科學習，每天只上六節課；下午課程則稱為「DreamStarter」，全校師生每天都會利用這段時間，一起探索、計劃，用一年時間完成自訂的「夢想」。

朱子穎解釋：「根據教育局的指引，下午應該用多元化的學習方法來學習，不同人對指引會有不同的注釋，大部分學校會繼續安排學生在課室抄抄寫寫，但我希望讓孩子跳出課室，學習關懷社會。」在「DreamStarter」計劃之下，大約 8 至 14 位學生會被隨機分配成一組，這樣的安排別有用心，朱子穎解釋：「日後畢業出來社會工作，孩子需要與不同的人合作。然而，他們在學校裡卻長期欠缺混齡的訓練，透過與不同年齡的人共事，可以訓練他們的領導能力及合作精神。」

關心社會，製造成功經驗

初初推動「DreamStarter」的大半學年間，同學們合共設計了 28 個不同範疇的計劃，朱子穎認為要令孩子們學會關心社區，先要讓他們感受問題所在：「孩子要先和問題相處，例如拾紙皮、住劏房，才能真正體驗問題所在。」同學跟隨老師到街上執紙皮，一方面可體驗靠拾紙皮維生的長者的辛勞之處。另一方面將拾回來的紙皮改造成玩具，思考如何實行廢物利用的環保原則，同時樂在其中。

在這次訪問中，朱子穎特別介紹了其中一項社區環保的計劃，名為「皮影戲車」。

「皮影戲車」是由在街上被丟棄的木傢具及卡板改裝而成，由師生們合力把這些卡板搬回學校。朱子穎說：「在老師的指導下，同學拿起鋸刀及電鑽，將廢棄的卡板拼湊成一架皮影戲車，同學們拿起了『大人』的工具，落手落腳造一架車子，將製成品推到附

近的屋邨平台，表演皮影戲給公園裡的公公婆婆看。」過程中，同學們不單止逗得一班「老友記」哈哈大笑，更成功地向他們推廣環保訊息。

朱子穎說過：「如果世界沒有了擁有夢想的人、勇敢追夢的人以及創新實踐夢想的人，去處理一些前人沒有處理過的問題，或發現一些從來沒有人想過的辦法，人類只都坐以待之，這絕不是一直在發展的人類文化及社會的使命。正是因為人類從不停止『夢想』的腳步，我們才從最初的石器時代發展到今天的文明世界。」

在學校範圍閒逛一圈，會發現有很多不同的環保再用的大型製成品，包括用廢棄的木卡板做的小型迷宮，也有用竹枝扎成的可供攀爬的樹屋和滑梯，全都是由學生們一手一腳親手搭建出來的。如果說，朱子穎的夢想帶領著學校的方向。那麼，學生能親手完成這個夢想，就是學校發展的成功之路。

學生參與其中，最大的動機就是親手完成的成功感。難以相信初小學生可以完成木卡板做的小型迷宮和可供攀爬的樹屋和滑梯？朱子穎說：「小學生是有這個能力的，只要你信任他們。」

這是朱子穎一直以來的信念，也是他希望傳遞給同學們的信息。

培養成功感小錦囊

1 父母可在日常生活中，和子女訂立可達到的目標，例如子女初學樂器，目標不需要考甚麼級數，只需學習一首簡短易玩的樂曲。

2 當子女覺得功課太深時，可以嘗試給一些「淺少少」（只是「淺少少」）的練習，讓他覺得容易應付。重建信心後才逐步稍稍提升難度。反之，子女覺得功課太淺時，父母可稍為增加一點點難度（只是一點點），讓他們感到有挑戰。

3 子女參加比賽落敗後，可以說：「剛才比賽，你做得很好。你覺得自己哪些地方做得好？」假設表現未符理想，也可以多用正面字眼：「剛才比賽，你做得很好。你覺得自己哪些地方可以做得更好？」

第3道密碼
激發子女的好奇心

甚麼是好奇心？

維基百科是這樣寫的：「好奇心是對新的事物有興趣，會想探索、研究及學習的特質……好奇和人類各層面的發展都高度相關，有好奇才會引發學習的過程，以及想要了解知識及技能的慾望。好奇也可以用在表達想要獲得資訊或是知識的情緒。在人類歷史上，好奇的行為以及情緒不但是人類發展的推動力，也帶動科學、語言及工業的進展。」

換言之，好奇心就是學習和創新的重要基礎。

如何激發好奇心？

好奇心是天生的，但家長要激發子女的好奇心，可以嘗試以下幾點：

1. 多向子女發問：不是指日常功課學業，也不是指答案只有「對」或「錯」的發問。發問重點不在答案，在於刺激子女思考，即使天馬行空的問題也不需介意。

2. 鼓勵子女多發問：不要怕煩、不要怕悶，要經常讚賞子女的發問。對子女發問要認真考慮作答，不要以為身為父母必然是萬事通必定識答。答得到，子女會學懂答案；答不到，可以和子女一起尋找答案。有時裝作不知道，讓子女成功挑戰父母的學識，他們會有成功感，更能推動他們發問。

3. 鼓勵子女有更多非常規的玩法：

小朋友都喜歡玩具遊戲。不妨考慮有多種玩法又沒既定規則的玩具，又或者嘗試用家居日常用品一起動手製作玩具。遊戲不一定只有一種玩法，何不一起和子女設計新的遊戲？

4. 讓子女親身體驗：小朋友會有好奇心，會對新事物感興趣，但家長慣於從方便角度考慮。家長應避免因引起日常不便而輕易說「不要」，應該學習放手讓子女探索嘗試。

5. 改變生活習慣：日常有很多重覆的生活習慣，家長不妨間中加一些變化，令子女在日常生活環境有多一些新鮮的體驗，接觸更多新事物。

有甚麼因素影響子女的好奇心？

重覆沉悶行為、缺乏樂趣當然會影響好奇心，但最大的因素還是父母的態度。很多時，家長不是想阻止子女的好奇心，只是子女有太多好奇心，會不停發問、不停有各樣的古靈精怪行為，家長因為日常工作太忙碌而感到疲倦或因為子女不停問而感到煩厭，於是就會出現以下的說話：

「夠了！不要再這樣子！」

「不要那麼煩！」

「不要浪費時間，回去做功課吧！」

這些都是「有效」阻止子女發展好奇心的常見生活片段。還有比這更「有效」嗎？有！是取笑嘲弄。

「那是幼稚的看法！」

「太無聊了！」

「你這樣子太笑話了！」

收到這樣的回應，子女一定很沮喪，慢慢就會變得不再好奇。隨著年紀漸長，好奇心慢慢減退，一不小心，子女的好奇心好快就被消滅。一旦沒了，要從頭建立就難了。所以家長需要耐性，也需要童心，懂得用欣賞的角度去處理子女的好奇心，在家建立互相支持和新鮮多變的環境，方能誘發子女的好奇心。

用小孩子的角度看世界

郭致因

作為兩位女兒的母親，郭致因相當重視幼兒教育，在孩子尚小的時候，她特地遠赴美國費城，上了一個關於「如何訓練孩子的腦袋發展」的課程，從中得到不少啟發，透過這次訪問，她將課程中學到的育兒方法分享給大家。

激發好奇心，在生活細節裡

「上完這個課程之後，我才知道原來在小朋友年幼時，已經可以讓他們接觸名畫，例如梵高（Vincent van Gogh）、畢加索（Pablo Picasso）等等。研究顯示，多看圖案可以刺激腦部發展，促進大腦神經元建立新的連接，令小朋友的頭腦更聰敏。」透過不同的線條、顏色和圖案，可以逐步訓練孩子眼睛的追隨性，刺激視覺，繼而提升他們的注意力和記憶力。

「老師告訴我們，父母可以自己在家設計教材、遊戲，和小朋友一起學習，但他們提倡的教學方法，跟香港家長普遍的做法有明顯分別，例如在街上看到一頭小狗，大部分香港父母會教小朋友叫『狗狗』，他們並不鼓勵這個做法，因為這樣的資料輸入孩子腦袋中是不正確及粗疏的。『狗狗』到底是班點狗、尋回犬，德國牧羊狗、鬆獅犬、貴婦抑或是北京狗呢？我們應該把每一隻狗的品種，清清楚楚地告訴孩子。」

郭致因坦言，這個育兒方法也讓她深深體會到如何活在細節裡：「粗疏只會令我們看甚麼都是單調的，把人與物歸入了一堆堆大的類別。肯留意細節的人，會發現任何事或人都總會有其獨特的地方，因而產生無限趣味。」當孩子明白到原來「狗狗」不單止是「狗狗」，便會激發他的好奇心，主動地了解更多。除此之外，在整個學習過程中，她不會刻意去考驗孩子，因為她明白到這樣只會增添他們的壓力，弄巧反拙。她希望透過這個育兒方法，一方面促進親子關係，另一方面能在孩子的潛意識裡訓練他們的思維能力，激發他們的好奇心。

多接觸大自然，探索大世界

郭致因強調，培養小朋友的探索精神非常重要，在孩子只有四五歲時，她已經會每逢周末帶她們去行山，「我們會約其他家長一起去，他們可以跟其他孩子做朋友，好像多了些兄弟姊妹一樣。」郭致因認為行山是一個不錯的親子活動：「行山不用花費很多，孩子在親近大自然的過程中，可以吸收到不同的新事物，而且多做運動也令身體更健康。」即使去旅行，她也盡量安排一些能夠讓孩子接觸大自然的行程：「有一次帶小朋友去澳洲，我們特意報了當地的熱帶雨林團，讓小朋友認識不同動物，而當地導遊也會教我們尊重大自然。」

留心細節，讓子女探索接觸的親子活動，是郭致因認為可以誘發子女好奇心的重要元素。

郭致因忽然想起有一次帶幼女去參觀科大的有趣對話，她說：「科大旁邊有一個小草地，我們在那邊玩，當時幼女只有一兩歲，剛剛學會說話。她忽然之間跟我說：『媽咪，我看到蜥蜴和姐姐啊！』我當時覺得很驚訝，為甚麼她不是先說『姐姐』，再說『蜥蜴』的呢？站在我的角度，我可能只留意到科大四周的環境，但用她的眼睛去看，卻有不一樣的視野。」這件小事令郭致因有很大的啟發，她意識到成年人有時也需要俯身，用小孩子的角度去看世界，不能只用大人的標準來量度小孩，這樣才可以鼓勵孩子對每件事都有好奇心。

激發好奇心小錦囊

1. 善用讚賞吧！當子女發問時，不妨說：「為甚麼你會這樣問？我也不曾留意到這個問題呀！」、「你這個角度想，很特別。」、「你是怎麼想到的？」。

2. 不妨記下子女每日問了哪些「為甚麼」，過一段時候再問一問他們是否找到答案。讓他們知道你有留意他們的發問。

3. 和子女一起尋找答案。

4. 閒時可以和子女去郊遊露營，開啟子女對大自然的好奇心。

5. 為子女規劃課外活動和暑期活動時，除了興趣之外，不妨考慮一些沒接觸過的活動。

6. 為子女規劃日常作息時間時，要有充足的「放空」時間，讓子女有足夠休息和空間天馬行空地自由想像。

第4道密碼

培養獨立及主動

獨立主動是指擁有自尊感較強的行為表現，包括自律遵守規矩、自發完成任務及自覺尋找追求目標。要子女擁有足夠的自尊感，父母需要提升子女的安全感、獨特感、方向感、聯繫感及能力感。

提升安全感

安全感是指子女感到受保護，能信任別人，感到有愛及被愛的感覺，對將來的事不會感到憂慮。要提升子女的安全感，最重要是先提供一個有安全感的環境，使子女感到安穩及能隨時尋求幫助。父母可提供一些子女能力所及的挑戰，讓他們累積成功經驗，並讓他們感到家人支持的重要。此外，也可多給予子女嘗試新事物，不需介意成功與失敗，讓他能在父母支持下獨立地學習。做家務、鼓勵他們參加更多課外活動都是一個好方法。

提升獨特感

獨特感是指子女能認識自己，認同自己的特性及價值，為自己感到自豪。家長最重要不要把子女與他人比較，尊重子女自己的獨特性，包括個人喜好、性格及優點缺點。父母可以在管教時對子女表示認同及有留心他對事情的看法，重要的是讓子女感到家長接納自己，切記不要為了一時之氣，而傷害子女的自尊心，令其感到羞恥。

提升方向感

方向感是指感到自己對生命有掌握的能力，而且敢為自己的事情作出決定。家長可協助子女在面對困難時定下合理的目標，最重要是鼓勵子女能有目標地勇於承擔、解決問題。在實踐中時有失敗，例如子女努力學習游泳，但仍未學懂，家長可與他一同訂下每次的學習目標，一步步鼓勵子女改善，並找出他成功的部分，這樣就能協助他努力完成目標。

提升聯繫感

聯繫感指自己感到被重視、被接納及被欣賞。父母可協助子女建立良好的人際關係、正確的社交技巧和與人際相處的態度。其實父母自己都需要有一個健康的社交生活圈子，並以開放的心態與人相處，子女才能模仿父母的行為，並從中學習。除家庭之外，子女第一個接觸的群體就是學校，故父母可多留意子女在校與人相處的情況，了解他們會否在群體中出現不快經驗，或者會否過分依賴成人的協助，在有需要時提供意見及支援。

提升能力感

能力感是指自己覺得有能力處理人生不同的挑戰。家長要了解子女的才能，認同其個人之處及給予發揮的機會，才能有效提升他們的能力感。有時家長會覺得子女的才能沒有用處，故無須給予發展機會。這想法不單限制子女建立能力感，而且讓他感到被否定。請家長相信每個人都有自己的潛能，千萬不要低估子女的潛力。以子女英文科目成績不合格為例，家長除了提供相關培訓外，亦可嘗試發掘他自己獨有的潛能，當他的專項得到發揮後，他就更有信心挑戰較差的英文科目。

為人父母，在管教子女上有時不是我們做得不夠多，而是我們做得太多。培養子女獨立，最重要是讓他們為自己的行為承擔後果，給予他們「撞板」的機會。儘管會擔心他們未能承擔結果，但父母也不能事事為他們代勞。正如子女面對考試，即使如何緊張，也得由他自己面對，父母不能代為應考。在獨立過程中，讓我們能付出勇氣陪伴子女走他們生命的路，不要代替他們揹起應付的責任。

放手 讓孩子做決定

曾鈺成

曾鈺成說，要培養孩子獨立自主，必須懂得放手，讓孩子做決定。他認為青少年要跌過、痛過，才會成長，相信孩子即使跌倒，也有能力自己爬起來。

給予孩子獨立機會

「無論是家長抑或老師，都有一個矛盾，就是擔心一放手，子女就會做錯事；但若不肯放手，卻又會變得依賴。」曾鈺成分享道：「父母不能一味攙扶著子女去走，很多父母出於好心，甚麼都幫孩子安排，例如入讀甚麼學校、揀選甚麼科目和參加甚麼課外活動等。久而久之，孩子就會覺得，為何我要自己去想呢？反正甚麼你都幫我安排好了。這樣他們就沒有機會培養獨立能力了。」

他以自己的外孫女為例：「當初父母認為女孩子應該要學鋼琴、學跳舞，直到有一天她居然自己參加學校的賽跑，又莫名奇妙地拿了獎牌回家，才知道原來她的興趣和天賦是跑步。」

當父母願意放手，子女的天賦就會呈現，他們就能靠著自己的興趣和能力成長發展。

愛上數學：由被動到主動

曾鈺成自己的故事，又是另一個證明獨立自主學習的故事。他當年以一級榮譽的佳績畢業於香港大學數學系，想當然以為他從小就善於計數？他搖搖頭，笑著說：「小學的時候，我每天都被父母監督著我做功課，讀得好辛苦啊！」小學的數學科主要集中訓練算術能力，他認為一般的加減乘除，只要乖乖地跟著公式計算，就可以找到答案，沒多大的挑戰性，也不怎麼好玩。他還笑著說：「其實我是很怕計數的，現在長大了也常常計錯數呢！」直到升上小六，機緣巧合之下，曾鈺成接觸到初中的數學，成為人生一個轉捩點：「那時，樓下住著一個讀初中的哥哥，每當他有數學功課不懂，就會走上來問我爸爸，我在一旁看著看著，覺得那些題目很有趣。」

直到現在，他對某些題目依然記憶猶新，更即場舉例：「有一座山，裡面有三種動物，分別是山雞、狼和九頭鳥。山雞有一個頭兩隻腳、狼有一個頭四隻腳、九頭鳥有九個頭兩隻腳。現在數到有一百個頭和一百隻腳，那麼山中一共有多少隻山雞、狼和九頭鳥呢？」有別於一般算術題，這類開放式的題目，可以用不同方法來尋找答案。「我覺得代數好過癮啊，多虧那位哥哥，自此之後我常常和爸爸在家裡做數，鬥快找答案！」他還提到，那個年代的家長學歷不高，他是自己找到興趣才去找不同的書本，父母也從不干預。

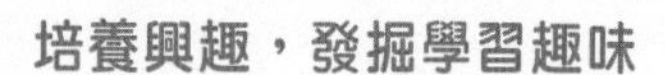

培養興趣，發掘學習趣味

曾鈺成說，自從找到自己的興趣後，學習變得充滿趣味。升上初中後，他揮別了過去在父母監督下的刻苦經歷，除了每天自動自覺地完成功課外，更會不時主動到圖書館借閱參考書，「我會借一些高年級、甚至大學的數學書來看，那時候雖然似懂非懂，但都看得非常入神。」到了考大學時，爸爸帶他見了很多世叔伯，可想而知，在場沒有人贊成他攻讀數學：「有的人說，當然是讀醫科啦！也有人建議我去讀工程。但我最喜歡的是數學，所以最後也堅持自己的興趣，幸好父母也沒有反對。」

他又舉了另一個例子：「我有一個表哥，他是一個化學迷。小時候，他常常會拉我一起上天台，陪他做實驗。」由於化學實驗有一定的危險性，表哥的家人禁止他在家裡做實驗，他只好偷偷地把實驗搬上天台做。說到這裡，他想起了一件趣事：「有一次，他如常地買了幾包 chemicals（化學物），做完實驗之後，還剩下一些，於是就鬼祟地把小包藏在煙囪，殊不知大風一吹，一包包化學物沿著煙囪跌下去廚房，嚇壞了正在煮飯的母親。」曾鈺成邊笑著回憶道，這位「化學迷」表弟，後來順利入讀了自己心儀的理學院。

曾鈺成和他表哥的故事，一方面說明找到興趣的重要性，但也慶幸當年有充足空間給他們去尋找興趣。當中重點是每個青少年都有能力尋找機會，發展自己的天賦。他一直深信只有找到自己的興趣，才會主動地學習，他總結道：「只要你給予足夠的時間和付出一定努力，你將會熱衷於感興趣的事情，誰也不能把你從中抽離。」

培養獨立自主小錦囊

1 營造有安全感的家庭，家人間互相協助、彼此支持。

2 認同及尊重子女自己的獨特性，千萬不要與人比較。

3 鼓勵子女有目標並按步驟地完成任務，有困難時嘗試解決、不怕失敗。尤其有關學業的日常，應該由子女自行承擔。

4 幫助子女建立建康人際關係及正確的社交技巧。

5 參加課外活動，可以發掘及發展子女的才能，並相信子女有其個人潛能，建立其能力感。

第5道密碼

提升子女的抗逆力

抗逆力是人類天生的一種潛能，是面對危機或逆境的適應。
（Lifton，1994）

抗逆力是人內在的改變、自我校正及復原的一股動力。
（Werne、Smith，1992）

當面對困難或挫折時，有人會積極面對、迎難而上，亦有人會擔心、自暴自棄，甚至放棄。在面對逆境時，一般人有五個反應，直接影響他們能否從挫折中回復正常：

控制事件的能力

當人相信自己有控制逆境的能力，就會更願意付出努力去改變處境。舉一個例子，一位數學考試不合格的學生，知道多加溫習後可改善成績，他會較容易及願意執行改正。所以當家長見到子女面對困難時，不要只說他「蠢」或者「懶」，而是應該與他討論在他能力內的解決方案。

事件起因與自己的關係

當人面對逆境，假如他能夠明白事件的起因及過程，將有助他清楚自己在事件中的角色：哪些是與自己有關、哪些是受客觀因素影響。當子女對逆境有一個客觀的掌握，就可減少破壞性的自責，加強他們面對困難的信心。故此，當子女有困難時，父母可以與子女一同分析事情始末。

事件的責任誰屬

出現挫折時，子女能否掌握自己的責任所在，會直接影響他們承擔結果的能力。如果子女覺得不需要為事情負上責任、過分自責或不清楚責任誰屬，他們會不想面對，反之，他們會採取積極行動。舉一個例子，子女經常遲到而被學校處分，如果他認同遲到與自己生活習慣有關，他會願意處理，但如果他覺得遲到是父母不叫他起床而引致，就未必願意改變自己來解決問題。故此，當子女面對困難時，父母與子女一同客觀分析事件責任所在是十分重要的。

事件對自己的影響

挫折對自己的生活會有多大的影響？如果子女覺得事件的出現會影響他生命的全部，誇大了問題的嚴重性，就不容易面對，抗逆力自然大大減低。例如一位面對公開考試成績未如理想的學生，他覺得考試是他人生的全部，他就會感到驚惶失措。反之，他只視考試失敗為個別事件，就會較有能力處理。故此，父母與子女面對逆境時，讓子女明白一些挫折不等於人生的全部，協助他們分析事件對自己的實際影響力，才能對準問題。

事件的持續性

當人相信挫折是永遠持續的，他就會害怕面對，但如果他視問題的出現是暫時的現象而且好快會過去，他就愈有力能處理。例如子女面對鋼琴比賽落敗，他視之為暫時的現象，只要重新努力，事情就會有改善，他就會更有能力解決及面對，但如果他總覺自己技不如人，就會很難從失敗中振作，並作出改善。

當子女面對挑戰，父母最首先要處理自己的感受，問自己是否相信子女有能力面對，還是覺得子女未能處理？父母對子女能力的認同是直接影響子女處理逆境的信心。如果你能從容面對子女的逆境，你將會立下好身教，讓子女覺得問題是可解決的。

當子女因為逆境而有情緒反應時，父母要認同他們的感受，讓他們感到父母的陪伴及同在的感覺，減少他們的壓力。「父母最能提升孩子的安全感及能力感」。在子女面對失敗時，我們可以拍拍他們的膊頭，認同他的感受說：「我明白你真的好失望。」或「你覺得這是一個大難關。」他會感到父母的支持，也有更大動機去面對問題。

訓練孩子的韌度

朱子穎

談到如何提升子女的抗逆力，朱子穎以訪問當天發生的一件小事作為開場白：「今天早上，有一個小學生哭著跟我說，他不見了一架火車，就在 1C 班房門外。」大部分成年人，第一時間都會想辦法，幫小朋友找回那架玩具車。然而，朱子穎卻有著不一樣的應對方法，他這樣對那位小朋友說：「今天你不見了玩具車，明天你也有可能會失去了你的朋友、家人。人生就是如此，會經歷失去自己喜歡的東西，但重點是你可以學習珍惜現在所擁有的事物。」

接受失敗，學懂面對負面情緒

朱子穎說，每一位父母都希望小朋友能快樂地成長，但他也明白，人人都有喜怒哀樂，並非能時時刻刻都保持快樂，因此父母需要在孩子沮喪時，陪伴左右，同時教識孩子如何面對負面情緒：「小朋友在成長階段中面對挫折時，身邊如果有成年人的幫助，會較容易克服難關。然而，一旦他們在整個成長階段都沒有經歷過失敗，那麼當他們日後經歷第一次挫敗，例如失戀，便會輕易選擇輕生。」

俗語有云「失敗乃成功之母」，這句說話鼓勵人從失敗中汲取教訓，下一次就能做得更好，邁向成功的步道。朱子穎認為，在教育的層面上，真正的失敗是「孩子不能從失敗中學習和成長」。他提出「快速失敗」（fail-fast）的觀點：「這是創新圈的常用語，指的是系統設計（system design）中有一項叫『快速失敗系統』，可以讓系統即時報告可能失敗的狀況，以及檢測出問題所在，並以模組塊（module）的方式，將『失敗資料』供給系統內的所有人學習。」

朱子穎提倡把「快速失敗」的理念套用於教學中，具體而言，教師及家長可把學習內容及元件分拆成模組塊，例如把一篇英文寫作分成不同細小段落，讓孩子在不同元件學習，當孩子在組合模組塊時面對「快速失敗」，家長可與孩子一起評估及分析，再教導孩子把失敗的模組塊重頭再做一遍。由是觀之，朱子穎認為，「快速失敗」基本上就是等同「快速學習」，因為失敗能讓我們了解哪些方法行得通，哪些行不通，變得更加聰明。

迎接挑戰，訓練孩子的韌度

要提升孩子的抗逆力，先要訓練他們的韌度，主動迎接挑戰。朱子穎舉例說明：「早前，有一批小一至小三的學生，希望學校能增建一個遊樂設施。我就跟他們說，你們不可以『繞埋雙手』，等候成年人賜你們一個小天地。」於是他便邀請搭棚師傅到學校傳授秘技，教同學們如何興建樹屋和滑梯。最後，孩子們靠自己的努力，成功換來一個夢寐以求的小天地。

他認為，拋掉傳統的操練模式，加入體驗式學習課程，能訓練學生的韌度，讓他們勇於面對人生各種挑戰，「以興建樹屋為例，學生由抬竹、磨竹到紮棚，都是自己一手一腳去做。這個體驗式學習，可以大大訓練到他們的韌度，若學生夠韌力，便能笑對將來面對的難關及挑戰。」

提升抗逆力小錦囊

1 父母的身教

當面對挑戰時，請以行動表示你從容不迫面對逆境的態度及向子女表達永不放棄的精神，為子女樹立好榜樣。

2 認同子女的感受及商討解決方法

家長要切身處地明白子女面對逆境的感受，用說話反映出來，子女便能感受到家人的支持及鼓勵。家長也需要坦誠與子女商討解決方法，增強子女面對逆境的信心。

3 從日常生活中給予子女面對挑戰的機會

面對挑戰，可能成功亦可能面對挫折，重要的是給予子女嘗試的機會。成功了會帶來自信，即使有挫折，亦可透過總結檢討重新出發。父母可以在顧及子女的能力下，按部就班讓他們接受挑戰，關鍵在事後如何用正面的態度面對挫折。

EQ是甚麼？

EQ（情緒智商）包括五種能力——認識自身情緒的能力、妥善管理自身情緒的能力、自我激勵、認識他人的情緒及人際關係的管理。

EQ 為何重要？

一個 EQ 高的人，在面對挫敗及挑戰時能認識自己的情緒，並以妥善的方式表達或抒發，之後能自我激勵，並再次投入生活，處理問題。而 EQ 低的人，面對逆境時，容易受情緒牽動，以負面的方式表達情緒，容易影響人際關係。而過分沉溺於負面情緒中，也讓他們未能舉步前行，常常滯留於負面經驗，而未能積極解決問題。

美國心理學家沃爾特·米歇爾（Walter Mishel）於 1970 年初曾進行「棉花糖測試」及相關之追蹤研究，以了解孩子延遲滿足及控制衝動能力如何影響他們的成長及成就。測試中，研究人員給予孩子一份糖果，並告知如果能等待至工作員回來才食用，他可以多獲得一份糖果，即使未能等待，他仍能即時按其需要享用已派發之糖果。

結果顯示，當時能按捺個人慾望，等待工作員回來的孩子，無論於學業、經濟、健康、甚至人際關係的成就都較為理想。

如何培養子女的 EQ？

培養子女的 EQ 是一個過程，父母需擔當領導角色，帶領孩子認識自己的情緒，並教導他們表達情緒的妥善方法。同時，父母亦需教導子女學習解決問題，避免子女過分沉溺於情緒當中而影響生活。

1. 觀察子女情緒狀態

觀察子女的情緒狀態，首要條件是「望望」子女。忙碌的一天後，你有時間認真看看子女的表情、聽聽他們的心聲嗎？

子女的情緒狀態有時很明顯，有時很含糊。明顯的情緒狀態包括大發脾氣、大叫、哭鬧等，這些都容易引起我們的注意。但含糊的表達，往往可能會讓我們錯過了解他們的機會。相對較含糊的表達包括皺眉、「藐咀」等微表情。子女的「大反應」固然需要介入，但我們也不可忽視子女的「微表情」。很多孩子會抑壓自己的想法及感受，不去表達。假如我們能觀察到子女的情緒狀態，並加以關心及回應，會讓子女感到自己被重視，對建立親子關係有正面作用。

2. 了解原因，表示明白

當察覺到子女有負面情緒時，我們需加以澄清及確認子女的情緒，並了解引發情緒的背後原因。子女情緒高漲時往往會出現很多激動的行為及態度，當下，無論我們說多少道理都是徒然。道理他們都知道，只是當下被情緒主導了。要協助自己妥善管理自身的情緒，我們可透過對話讓子女了解自身的情緒狀態，並配合適當的支持、鼓勵（語言上及肢體上），讓子女平靜下來。

澄清及確認情緒的意思是我們是否真的明白子女有甚麼情緒，很多時候我們都簡單以「開心」、「不開心」歸納了子女的情緒。簡單的歸納有助我們初步了解子女的狀態，但如果要深入了解子女的心情，我們需要用更具體的字眼去協助子女表達自身情緒。例如，今天兒子在學校因鄰座同學叫囂而整組被罰，他的感受是甚麼？他當然會感到不開心，但更內在的感受是他感到無辜、無奈、不忿、甚至委屈。如果我們在了解事情時，能用以上字眼協助兒子表達其感受，那麼，他便能更確切地認知自己的情緒，對子女理解他人的情緒亦有幫助。

同時，透過協助子女用語言表達自身情緒的過程亦能讓他們有被明白、被理解的感覺，有助他們平靜下來，整理情緒。

3. 設定界限，尋求出路

待子女平靜下來後，我們仍要回歸現實，去面對及處理引發子女情緒的事情。若子女年紀較輕，我們可以先為他們訂立底線，再從中找尋不同的解決方案。尋求出路的時候應避免兩極化，即「吃」或「不吃」、「做」或「不做」。出路兩極化會深化親子間的矛盾，亦會深化孩子對事情的負面感覺。取而代之的可以是多元化出路，例如以子女不願吃蔬菜為例，底線可以是「我們每晚必須吃五份蔬菜」，然後，子女可選擇吃五匙粟米、五條菜心，又或者是兩匙粟米加三條菜心。

另一例子是當子女不願做功課時，父母的底線可以是「功課必須完成」，然後，子女可以選擇先完成所有功課，然後才玩耍，又或者是每做完一份功課，就休息 15 分鐘或做 30 分鐘功課就休息 15 分鐘。慢慢，父母會發現用這個方式設定底線及尋求出路，會有無限的可能性。

沒有愛 甚麼都是零

郭致因

郭致因認為陪伴女兒成長很重要，所以在女兒升小學前，她索性辭去了工作，專心在家中照顧兩位小孩。在過程中，她發現訓練孩子的EQ（Emotional Quotient）比IQ（Intelligent Quotient）重要，這次訪問她特別與我們分享了有關情緒管理的奧秘。

助人為快樂之本

郭致因說：「EQ包括孩子的同理心、關心別人和懂得憐憫，哈佛大學的兒童專家認為以上三種特質最好在孩子年幼時，像播種一樣植入孩子的心上。」為甚麼這三項特質那麼重要呢？郭致因接著說：「社會上大部分成功人士，都是懂得如何有效率地與人合作，共創成果，得人如得魚。哈佛的研究更指出，擁有以上特質的人，會更加快樂和成功。」

郭致因補充，關懷、憐憫和同理心不是用說教方式就可以教懂孩子的，必須身體力行，和小朋友一起去做義工是不錯的方法。「孩子小時候，我會帶她一起在街上賣旗籌款、探訪弱智人士的院舍和到老人院探訪公公婆婆。暑假則到山區探訪貧窮的孩子，平日也會安排一些較年少的孩子給他們照顧或補習。」郭致因認為，建立同理心、懂得關懷別人和富於憐憫，不但能讓孩子能自信地與陌生人建立關係，還可訓練

他們成為一位不錯的領袖，因為他們懂得關心別人、不太自我中心，更重要的是孩子會有較強的使命感。

贏在起跑線？

郭致因坦言，大多數父母的心願，都是能夠給孩子一個快樂的人生。可惜他們卻以為給孩子最好的教育，填滿他們的物質生活，贏在起跑線，孩子便能夠快樂，可惜往往事與願違。

郭致因笑說：「香港的家長很有趣，看到小朋友彈琴就覺得他很有音樂天分，畫一兩幅畫就當他們是畫家。我正正相反，在眾多興趣班之間，我要求女兒只報一兩個，我跟她們說，你們真的喜歡才去上，不要浪費媽媽的金錢和彼此的時間。香港大部分家長都怕孩子輸在起跑線，往往會為他們報很多興趣班，希望他們十項全能，其實這只會增加他們的壓力，無助快樂成長。」

郭致因以自己為例，她安排大女兒學鋼琴，小女兒學書法，從中陶冶性情，她說：「我覺得興趣班是用來平衡生活的，不是愈多愈好，更不是用來贏人，所以開心就好，就像我的大女兒學鋼琴，我覺得她上了一小時的課已經很累了，所以回到家裡，我從來不會迫她練琴。」

讓孩子在家庭中感受愛

郭致因認為，家庭不是必然有愛，若沒有好好培養感情，家庭成員只會漸行漸遠，成為陌路人。要培養孩子的 EQ，必須要讓他在家庭中感受到愛。郭致因笑言：「小孩子喜歡模仿別人，而他們最想接觸的人，就是父母。所以，孩子是父母的一面鏡子。當父母時刻真心去關愛孩子時，他們會主動親近父母。」她續說：「我們要給予孩子一個穩定的成長環境，當中包括父母的穩定情緒、和諧的氣氛和父母展現出來的成熟情感，包括給每個人的尊重、還有經常真誠地跟孩子談論他們的日常生活和興趣，肯定孩子付出的努力，和嘉許他們的成就。」以上種種，都是愛孩子的不同方式。

在這次訪問中，郭致因特別強調，作為家長，她從不會「管教」女兒，「我喜歡 coaching，像教練一樣。我認為家長不應老是高高在上，因為這樣久而久之，就會以為自己永遠是對的，反而和子女的關係變得疏離。」她更特別提醒家長要處理好夫妻關係，「有些夫妻常常吵架，或是冷戰，這樣都會影響孩子的身心發展，如果情況不斷惡化，就應該要主動尋求協助，例如一起去見輔導，早日解決問題。」最後，郭致因總結道：「沒有愛，甚麼都是零。」

情緒管理小錦囊

1 主動作出提問，了解子女情緒

父母可按子女的表達能力，
以提問方式了解子女的情緒。

“你今天心情不好嗎？”

“在學校發生的？還是在哪裡？”

“今天發生了甚麼事？”

2 協助反映情緒，表達明白感受

父母需先裝備不同的情緒詞彙，以協助子女反映感受，讓子女認識自身情緒。表示明白會讓子女感到親近，令子女願意分享自己的看法。

“努力了這麼久，成績都不如理想，你一定感到很沮喪了！”

“媽媽剛剛在同學面前說起你之前的小毛病，你一定感到尷尬及丟臉了！”

“要做功課才發現不見了習作簿，你一定很焦急，很擔心了！”

3

協助設定界限，鼓勵尋求出路

父母需透過日常生活建立子女正確的價值觀，讓他們清楚知道每件事情的界線，然後再與子女一同商討解決辦法。過程中不妨先提問，後建議，避免太快否定子女的建議，父母可慢慢引導子女了解不同解決辦法的優缺點。若子女堅持用自己的方法解決問題，如果事情無傷大雅，家長也不妨讓他們嘗試，讓子女學習解決困難及為自己的決定負責任。

“ 仔仔，我知道要完成這麼多份功課，的確是很辛苦的，但功課一定要完成啊！你認為可以如何安排？”

“ 家姐，我知道你不是刻意打妹妹的，但打到別人就需要道歉呀！你想如何跟妹妹道歉？”

第7道密碼
如何能
中英兼善

怎樣提高子女中英文能力？

很多家長擔心子女的中英文水平不足，經常想盡方法強迫子女學習，結果不但於事無補，更常引起爭拗。

如果說閱讀能提高語文能力，那麼，Louisa 是一個好例子。

說起英文，Louisa 清楚記得幼小時看過的英語兒童節目、幼稚園、初小時喜愛的英文故事書，以及後來的《Harry Potter》系列，本本如數家珍。到了高中，閱讀習慣稍微改變，多了網上閱讀，只有遇上極喜愛的才買來收藏，更會在網上搜集相關資訊，豐富閱讀樂趣。到了現在，她仍然保留著讀過又喜愛的幾百本書。

Louisa 父母說，Louisa 是自自然然對英文產生興趣的，當中沒有強迫也沒有訓練。他們覺得有趣味的讀本很重要，不單令她對閱讀發生興趣，更會主動尋找適合的書本。小時候，逢星期日會帶她去圖書館，讓她自行選擇有興趣的書本，又帶她到書店讓她接觸最新出版、印刷精美的書本。Louisa 父母提醒，每次圖書館之旅時間都不會太久，而且之後會到公園玩耍，令她把樂趣和閱讀相連。

Louisa 父母在培養女兒語文能力時的幾點原則是重要的，這不單適用於英文，用在提高中文水平方面也合適：

- 父母的角色主要是營造有趣的學習環境。不一定要閱讀，卡通、電視、床前小故事都可以是培養子女愛上文字的妙方。
- 讓子女自由選擇閱讀內容，沒有強迫，只講樂趣。讓每次接觸英文或文字都由她的喜好出發。
- 尋找適合子女水平的書本和節目，不需要艱深的。關鍵是她能在每一個階段都發現到自己有興趣的書本，令這個習慣持續下去。
- 經常讚賞女兒的閱讀習慣，從不干涉女兒的閱讀選擇，並適當地獎勵。
- 父母在家也一起閱讀。

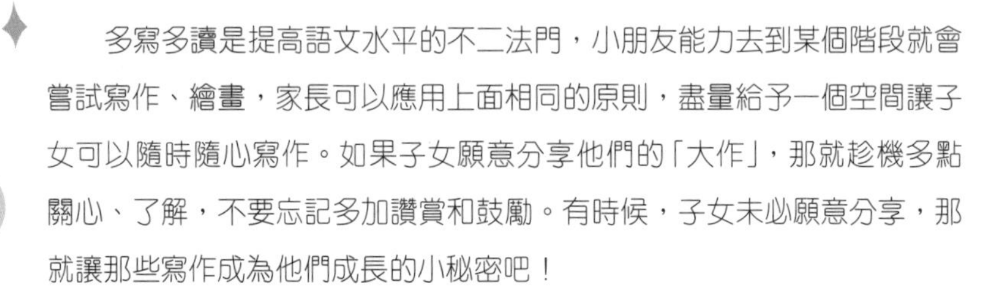

多寫多讀是提高語文水平的不二法門，小朋友能力去到某個階段就會嘗試寫作、繪畫，家長可以應用上面相同的原則，盡量給予一個空間讓子女可以隨時隨心寫作。如果子女願意分享他們的「大作」，那就趁機多點關心、了解，不要忘記多加讚賞和鼓勵。有時候，子女未必願意分享，那就讓那些寫作成為他們成長的小秘密吧！

有一個爭論了很久的問題——背誦有助提高語文能力嗎？香港的教育界對此有太多太多爭論，家長若果相信背誦，請留意兩點：

- 背誦也要選擇適合子女水平的，而且應該以多元有趣的方式進行。
- 背誦目標是提高子女對語文的欣賞能力，而非應試，過多背誦亦會減低子女對學習的興趣。

提高語文能力，切忌揠苗助長，應由子女水平開始。Louisa 父母就有一個很好的經驗。他們曾經以為閱讀經典是提高語文的不二法門，於是，用自己的成長經驗，叫女兒讀金庸。某次，Louisa 在看完射鵰英雄傳後，問父母：「這是文言文嗎？」

不同人有不同的學習方法、不同的學習興趣，家長不要以為有公式可循、有捷徑可依。與其花精神搜購補充練習，倒不如留心子女的學習特性，營造可親的語文環境。

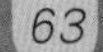

和孩子一起聽外國流行歌曲

曾鈺成

曾鈺成在讀書時期專攻數學，畢業後執起教鞭、從政再成為立法會主席，大家多留意到他的思辯能力和思考水平，但少談及他的中英文水平。曾鈺成現在每日寫專欄、去年又出書講英語，水平之高大家有目共睹。究竟他是怎樣學習語文的呢？

背誦文學經典，提升語文能力

小時候，父母非常緊張曾鈺成的中英文成績，他憶述：「在升中學的暑假，媽媽要求我每天都要背誦一篇古文，例如《古文觀止》和《文心雕龍》裡的文章。」正所謂「熟讀唐詩三百首，不會吟詩也會偷」，坊間有人反對「背誦」這種學習方式，曾鈺成對此卻不以為然：「小時候背誦古文，雖然是不求甚解，但是這些故事會在人生某個時期，忽然在腦海中閃過，現在重新回想起這些古文篇章，也會有不一樣的啟發。」

現在，曾鈺成已成為外祖父，看著一對外孫成長，他發現小朋友的記憶力其實比想像中強：「小朋友學習新事物有他們自己的規律，像我的孫仔孫女，只有三四歲的時候，他們就已經很喜歡看音樂劇《Les Mis é rables》（《孤星淚》），裡面每一首歌曲，他們全都唱得出來，簡直是倒背如流，這些不是大人去強迫他們做的，他們不會覺得很辛苦。」

看偵探小說學英文

除了背誦，曾鈺成認為閱讀課外書籍，對提升語文水平也有很大的幫助。中文書方面，他比較喜歡武俠小說，例如金庸和梁羽生的作品。英文書則喜歡看偵探小說，尤其是著名英國偵探小說家 Agatha Christie 的著作，他憶述：「第一本是爸爸不知道從哪裡帶回家的中譯本，他看完我便拿來看，一看就著迷，四出搜羅她的作品。」他認為 Agatha Christie 的故事內容豐富，作家擅於把案發現場的環境和事物形容得生動有趣，用字又淺白，讀起上來不會太吃力，很適合初中生看。

縱使父母不諳英語，家境狀況又未能負擔昂貴的英文書，但曾鈺成始終找到不同的方法來接觸英文：「當時我鄰座的同學家裡很有錢，有很多英文書，於是我便問他借來看，看得津津有味。到現在還記得其中一本是 Agatha Christie 的《Death on the Nile》（《尼羅河謀殺案》）」。後來，他發現可以到英國文化協會（British Council）借書，更是如獲至寶。中三起，他靠著幫人補習，得到一點收入，更開始自己買書來看，逐漸打穩英文基礎。

多聽、多說、多寫

除了背誦文學經典、多閱讀課外書籍外，曾鈺成認為孩子也可以透過聆聽流行曲、觀看外國電影，學好英文。「那個年代，我愛聽 The Beatles（披頭四），哼唱他們的歌曲時，會自覺地咬字準確。」他認為家長不必在日常生活中，刻意地用英文和孩子溝通，反而間時抽空和他們看一套西片、一起聽外國流行歌曲，也可以藉此教他們英文。

無論是中英文，學好語文的方法，不外乎多聽、多說、多寫，並沒有捷徑。曾鈺成笑說：「在那個年代，沒有智能手機，聽聽音樂、看看故事書，就是最佳的娛樂，現在的孩子誘惑太多了。父母、老師要在一旁循循善誘，培養孩子的語文能力。」

曾鈺成曾任教英文科，他分享自己教學心得：「我讀書的時候，講究文法，要求學生學生字（vocabulary）；到我出來教書的時候，因為經歷了一場教育改革，學英文不再著重文法，反而主張 communicative English，視英文為一種工具，促使和其他人有效溝通，以當時教育局的說法來說，『You should speak English，not speak about English』。」兩種教學方式，各有支持者，曾鈺成似乎比較傾向傳統講求基礎的一套。

學習語文小錦囊

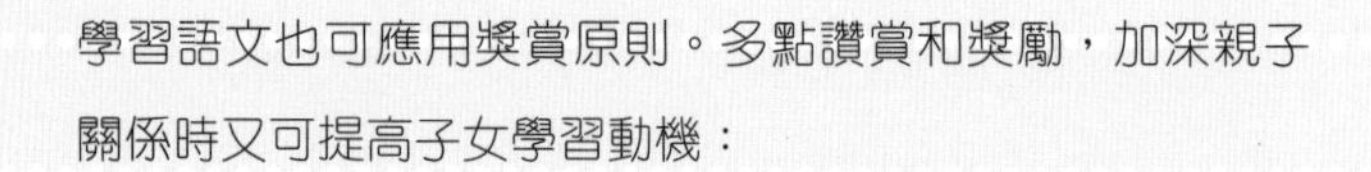

學習語文也可應用獎賞原則。多點讚賞和獎勵，加深親子關係時又可提高子女學習動機：

1. 閒時看看子女的作文功課，並加以鼓勵：「你這樣寫，很特別呀！」、「我喜歡你寫的這一段，很不錯。」、「我很喜歡看你的作文，可以嗎？」

2. 家中常備有練習簿，方便子女閒時寫作文章。

3. 遊戲可提高學習動機。家長可以試試和子女玩填字遊戲，提高詞彙能力；也可以玩成語比賽，讓孩子理解成語背後小故事；看些有水準的電影，也是不錯的選擇。

4 有想過用接龍方式鼓勵子女閱讀和作文嗎？

5 了解子女有興趣的課題，選擇配合他們程度的書本：「我見你喜歡看《哈利波特》，有興趣看英文原著嗎？」

6 看金庸覺得太深？帶他們去博物館看看金庸的展覽吧！

7 當子女覺得疲倦時，不妨給他們多點休息時間。

8 子女不想閱讀怎麼辦？買一些有趣的小書本放在床頭吧！又或者每天只閱讀 15 分鐘，然後和他一起玩。

第8道密碼

敢於嘗試的環境

如果你們一家去旅行，人在異地又想問路，你會交給子女負責嗎？又，如果有一天子女告訴你想入廚，你會一笑置之，還是叫他專心功課？當子女每樣事都要插一手時，你會覺得他們無事忙阻你工作嗎？有時，我們會視子女的意見為多餘、麻煩，甚至覺得煩厭，但父母有沒有想過，為甚麼子女會「百厭」？

教育學有所謂「嘗試錯誤學習」(trial and error) 的理論。應用在小朋友的學習歷程上，是指小朋友會經由嘗試錯誤而學習。初學習時，小朋友未必能有正確反應，結合賞罰之後，經過反覆嘗試，錯誤漸漸減少，正確行為會漸漸增加，最終會把獎罰和行為相連起來，知道兩者是有關係的。

這個理論，說明要有效鼓勵子女學習，除了要有適當的獎勵（詳見「讚賞的神奇力量」一章）之外，亦需要不介意犯錯，讓子女親身嘗試。

子女比成人更「百厭」，是因為他們願意學習、肯嘗試。嘗試可以累積經驗，有助我們面對新環境新挑戰；嘗試也是創新的開始，推動創新發明創新思維。但因為人的天性慣於安逸，愈年長就愈怕面對不確定、不安感。故此，若要有勇於嘗試的性格，需要自小培養。

要培養子女敢於嘗試的性格，父母需要建立適當的成長環境：

1. 以鼓勵的方式令子女勇於嘗試：嘗試有利學習，但當子女未有足夠準備時，父母不需擔心，在適當的鼓勵下，子女自會慢慢建立信心。當嘗試後失敗，家長亦無須介懷。每次嘗試都是一個學習的過程，錯了就總結經驗，欣賞他們在嘗試過程中的付出，哪怕只是微不足道的小小成果，也要讓他們知道你的讚賞。從小到大都在鼓勵下成長的子女，一般都會更有自信、更勇於嘗試。

2. 讓子女親身體驗：有些家長會擔心子女力有不逮，在日常生活往往急於代為抉擇，卻變相剝削子女的學習機會。當父母時時不斷「提醒」子女，會令子女不知所措，無法親身自行決定，減低其學習樂趣之餘亦令子女喪失學習經驗。

3. 確定能力及安全：嘗試不是學習的全部。嘗試不去嘗試，也是嘗試的一部分。父母有需要確保子女是有能力及在安全環境下學習嘗試。當子女能力不逮時強求嘗試，只會造成挫敗，影響將來嘗試學習的動機。

4. 善用遊戲：子女年紀愈小，就應愈多用遊戲方式培養其嘗試的心態，用遊戲培養子女的學習態度。幾乎任何遊戲都有學習元素，家父母可以因應其成長階段及興趣而考慮不同的遊戲，刺激其學習動機。

阻礙子女嘗試的因素：

1. 過分重視成敗：錯誤認為凡事皆有標準答案，誤以為答對了方為學習，以結果衡量子女的學習，令子女感到挫折和壓力，無助勇於嘗試，亦易令子女喪失學習樂趣。重視嘗試的過程，總結學習得著，遠比介懷一時得失更能令子女不怕失敗，更能享受多元體驗學習。

2. 錯誤以為學業就等於學習：香港家長一般很重視子女的學業成績，把學習等同學業，令子女在學業花了大部分精力和時間。學業當然是學習的一部分，但絕不是全部。父母需要了解到學習是全方位的，鼓勵子女多做作業不一定就是鼓勵嘗試學習，過於集中學業會令子女缺乏機會嘗試其他經驗。

要鼓勵子女勇於嘗試，父母需要從小到大為子女營造一個以鼓勵為主調的成長空間，令子女有機會親身接觸不同事物。家長不妨想想，可以在家自製一個特別的遊戲空間，又或者每星期為子女構思一個體驗之旅。

是誰關了小朋友學習的門？

朱子穎

朱子穎說：「每一個孩子來到每一個家庭，都是一份珍貴的禮物。」他育有一子，兒子今年四歲，平日即使他的工作再忙碌，都會盡量抽時間陪伴兒子，珍惜親子相處的時光。

幫助子女建立安全感

朱子穎認為，父母能長時間在孩子身邊，陪伴著孩子成長，對孩子的身心發展影響深遠。他先巧妙地以其他動物作引子：「你知道烏鴉為甚麼比雞聰明嗎？因為他們出生後會和父母一起生活，過了一段非常長的時間才離巢；相反地，小雞出生一兩天，很快就會和母雞分離。」烏鴉是群體動物，它們會在群體中交流生存經驗，也會將智慧傳給下一代。

「父母主要有兩個使命，第一是讓孩子能健康成長，第二是愛的職能。」如果父母在孩子幼小的時候，能夠給予孩子足夠、持續、穩定的愛，孩子就會擁有安全感，延伸出對他人及世界的信任，並能建立自尊和自信。

在兒童心靈的成長教育上，朱子穎分享了一些個人看法，他認為有些父母慣以情緒勒索的方式，把自己的憤怒發洩在子女身上，並用來強迫他們變得聽話：「先不說體罰對子女身心靈的傷害，責罵、奚落、諷刺及挖苦，對孩子的心靈傷害更大。其實控制自己的情緒，是自己的責任，不能推卸給身邊的人和事。」他認為父母不應低估子女的自尊心：「有些父母認為孩子年齡小，沒有自尊心、羞恥感，這是大錯特錯。其實兩三歲的孩子已有自尊心，只不過自尊心表現的形式不一樣。」

從安全感到敢於嘗試

孩子赤裸裸地來到這個世界上，無不帶著好奇心去接觸新事物，朱子穎以魔術表演為例：「成年人看到一個球在手中消失，會覺得很驚奇，因為在我們的認知上，知道這是突破物理的原則。但在小朋友的眼中，每一樣事物其實都是魔術，因為每一樣事物對他們來說都是新鮮的。」他又形容，小朋友像一個圓形，有無數個箭咀從四方八面伸出來，準備認識這個世界。

「一個四歲的孩子，每日平均會問 100 條問題。假設你在跟他過馬路，他可能會問，為甚麼紅燈不可以過馬路，綠燈就可以過？為甚麼紅綠燈會閃吓閃吓？當他問到第六條，父母就會不耐煩地對他說，不要再問了，好煩！」學習始於好奇，朱子穎認為每個孩子本身就樂於嘗試新事物，學習新知識，往往反而是父

母束縛了他們的能力。他舉了一個簡單的例子：「帶小朋友去茶樓，他們看到桌上有一對筷子，你猜一個兩歲的小孩子會做甚麼？他很自然會拿著筷子亂敲，因為他很想知道兩個東西相撞的話，會發出甚麼聲音，但成年人又會有甚麼反應？他們會罵他沒禮貌，不准他這樣做。」

是誰關了小朋友學習的門？「鷹架理論」的啟示

朱子穎認為，在這個標籤化的世代，父母過分照顧子女，擔心會助長他們成為「港孩」，過分放縱又怕被人叫「街童」，很難在兩者之間取得平衡。他引用由布魯納、羅斯和吳德（1976）提出的「鷹架理論」進一步說明：「簡單點來說，這個理論是指最初兒童需要在成人的支持下學習，當兒童的能力漸漸增加之後，社會支持就會逐漸減少，將學習的責任漸漸轉移到兒童自己身上，如同房子蓋好後，要把鷹架逐漸移開。」

「作為家長或教師，我們的責任不是阻止孩子去研究不可能的領域，我們更應扶助我們的下一代，打破我們成年人的不可以，這是社會及時代給予我們的重要使命。」朱子穎認為，孩子在年幼時的學習能力是最強的，父母應該保持開放的態度，適時放手讓他們接觸新事物。

又回到那個用竹枝紮成、可供攀爬的樹屋和滑梯，學生們不是一開始就有信心做得到，學校是引入搭棚師父用了多個月的時間，令學生看到成功的可能，再循序漸進讓他們落手落腳親身嘗試。

誰說學校不可以有樹屋？小學生沒有能力搭棚？只要給他們機會，他們可以比我們想像的走得更遠。

鼓勵嘗試小錦囊

1. 去外地旅行，何不嘗試讓子女規劃部分行程？規劃過程中或有錯漏，若非嚴重，就和子女一起體驗不完美之旅吧。

2. 很多父母主導了子女的手工藝功課（不是主科嘛），但讓子女親身體驗一下，知道不同的手工藝，說不定可能發掘了他們的另外一面。

3. 子女參加比賽（尤其是體育活動時），父母肉緊是當然的，這時候不妨高聲鼓勵：「踢得好！」、「今日很熱，但你很拼搏呀！」，先把勝負成敗放在一旁，問子女一句：「玩得開心嗎？」。

4. 家裡買了新電器，叫子女幫忙看說明書，可以的話，嘗試一起安裝，讓子女體驗學習，增進親子關係。

5. 暑假到了，讓子女自己挑選他們喜愛的活動吧！每天活動後要了解子女當天的表現，不要忘記讚賞啊。

6. 若有嚴重錯誤，家長不應即時否決或指出錯誤，可以用引導的方式，和子女一起發現問題，並尋找解決方法。

第9道密碼

培養閱讀興趣

培養子女閱讀興趣，不一定能提高考試能力，不一定能即時提升學業成績，更不保證子女能入讀心儀學校，有時甚至會「剝奪」做練習的時間，但會提高子女持續學習的能力、自學能力及自我修養。

培養閱讀習慣的關鍵就是令子女覺得可以從閱讀中獲得愉悅。

1. 由興趣出發

因為不是考試溫習，為子女挑選書本，不需考慮是否經典鉅著、是否有助學業，也不要「鬥多」，只要子女有興趣，就盡可能讓他看，最重要的不是閱讀課本或補充練習。

2. 閱讀時段

根據子女的日常生活安排一個閱讀時段，每天到了那個時段，一家人一起放下手上的工作，一起閱讀，分享好書，又或者一齊講故事等，都可以培養閱讀興趣。

3. 鼓勵和讚賞

讚賞有助鼓勵持續行為。家長對子女的閱讀習慣應有適當的讚賞和鼓勵，切忌濫用讚賞。例如貼星星之類的獎勵計劃、贈書獎勵等都可以考慮。

4. 以身作則

父母要子女閱讀，自己也要有閱讀習慣。子女會模仿父母的行為和處事方式，有時間的話，在家多點閱讀，令家庭變成可親的閱讀環境。

5. 網上閱讀算是讀書嗎？

網上閱讀當然也算是讀書，只要是閱讀就應該鼓勵。下一代習慣「無紙閱讀」，是大勢所趨，但留意使用智能產品時會有很多資訊同時出現，分散注意力。子女若慣於網上閱讀，家長可以定時了解他的閱讀習慣和進度。

6. 子女不肯看書，怎麼辦？

子女不肯看書，主要因為無法從閱讀中產生興趣。家長首先要摒棄「學習」心態，由子女的興趣出發，選擇一些接近他們嗜好的書本，讓子女由輕鬆閱讀開始，看電影改編的原著、繪本漫畫，都是增加閱讀動機、減低對書本抗拒的好方法。切忌強迫，從閱讀中找到興趣、找到性情相近的，就會喜歡閱讀，慢慢親近閱讀。

有些家長會擔心功課繁重，無法分配時間。遇此情況，當然要權衡輕重。做完功課，當然要需要休息；強迫閱讀，會令子女喪失興趣。家長不妨根據子女功課情況安排輕鬆的、固定的閱讀時間。

常常有父母因為子女不願閱讀而引起親子衝突，其實大可不必。若遇上此情況，父母應該首先了解子女為甚麼不願閱讀。子女不願閱讀，有可能是因為能力不足，亦可能因為對閱讀不感興趣，或者是因為太疲倦之故。找出了問題所在，再慢慢調較，不必急於一時，方有見功之日。

人人都有不同的閱讀興趣和習慣，家長不需介懷子女的選擇或偏愛，只要在家營造輕鬆的環境和習慣，選對了符合喜好的書本，就可以陪伴子女一起閱讀，令閱讀成為習慣，也成為親子時間。

讓孩子盡情地投入「書海」

郭致因

郭致因認為，從小培養良好的閱讀習慣，對子女的成長非常重要。在兩個女兒尚小的時候，她會定時帶她們去圖書館，讓她們盡情地投入「書海」；除了圖書館，家居附近商場亦有一間大型書店，當中的兒童讀書部可以讓小朋友自由地閱讀，氣氛非常吸引，幾乎每個星期天都坐上半天，任由她們自行閱讀。她覺得女兒愛閱讀的習慣就是由此而起。

閱讀由講故事開始

原來，睡前小故事也可以有效培養子女的閱讀習慣，試問哪個孩子不愛故事呢？她笑說：「雖然有時我也會一邊講故事，一邊昏昏欲睡。」郭致因更認為，講睡前小故事可以促進親子關係。至於會講甚麼類型的故事給孩子聽呢？她回答：「我會講簡易版的《三國演義》，讓她認識一下中國古代的歷史人物。」讓子女由熟悉的故事入手，將來閱讀時就倍覺親切。

小女兒今年 20 多歲，剛從歷史系畢業，郭致因覺得或許是因為小時候常常講歷史故事，「我覺得講故事給子女聽，就像儲錢到銀行戶口一樣。我會在孩子 10 歲前，不斷把不同類型的故事傳遞到她們的腦袋中，但我也無法估計，這些故事日後將會在她們人生中哪一個階段跑出來。」

角色扮演，增添閱讀趣味

除了講故事，郭致因也會帶領兩位女兒角色扮演，透過話劇的形式，增添閱讀趣味。「她們很喜歡看《Matilda》，《Matilda》是英國兒童文學作家羅爾德．達爾（Roald Dahl）的作品，作者著名作品還有《查理與巧克力工廠》（Charlie and the Chocolate Factory），我便會叫她們兩個，一個扮演 Matilda，另一個扮演故事裡面那個邪惡無比的女校長。我會叫她們背小說裡頭一小段的對白，增加她們的英文能力。過程中，她們都玩得很開心，我覺得愉快學習才是最重要。」

因為喜愛，兩位女兒年紀小小已經看遍羅爾德．達爾的短篇小說。郭致因指，每年升班，她都會買圖書給小朋友做獎勵，讓女兒覺得閱讀是一件開心事，也是獎勵。很多父母會強迫子女閱讀，令子女苦不堪言，更因而抗拒讀書；郭致因反其道而行，令女兒覺得讀書是一件有趣的開心事，把獎勵、趣味、玩耍等元素和閱讀掛勾起來。

家長要以身作則

作為父母，期望子女喜愛閱讀是自然不過的事，但當晚晚父母在家都只是玩手機看電視時，子女又如何覺得讀書是值得嘉許呢？所以，正如前文提過，郭致因認為身教很重要，父母鼓勵子女閱讀時，自己也要閱讀。她自己也是一個喜愛閱讀的人。閒時她最愛讀有關親子的書。她特別推介一本書給我們，名為《快樂競爭力》，由前哈佛大學「快樂學」講師阿克爾（Shawn Achor）所著。

「作者在這本書中提醒我們，想促進親子關係，家長可以跟個別孩子約定，做一些大家都有興趣的事，例如跟女兒一起打羽毛球，跟兒子一起閱讀，這樣的單獨相處，讓彼此更加容易建立深層次的關係。」

培養閱讀習慣小錦囊

1. 趁子女還是小學生時，不妨一起說多些小故事，促進親子關係之餘，亦可引起他們對閱讀的興趣。

2. 按子女的興趣和程度選擇讀本，並在家中設立子女易於觸及的閱讀角落，方便子女隨時看書。

3. 很多電影都會出書，或由原著改編。由電影開始也是一個不錯的選擇。

4. 每天定下一個 30 分鐘的輕鬆閱讀時間，一家人一起閱讀。

5 和子女分享大家最近閱讀的書本。

6 閱讀獎勵計劃可以有效鼓勵子女閱讀。

7 不妨問問子女最愛哪一本、哪一類型書。

8 去完圖書館，不妨去做一些開心的事，例如到公園玩，令子女輕輕鬆鬆、快快樂樂地去圖書館。

第10道密碼

課外活動好重要

聯合國《兒童權利公約》列明所有兒童應該享有發展權、參與文化活動和玩樂。而有規劃的課外活動除了符合上述權利外，更能改變兒童的一生。課外活動至少能達致三個功能。

1. 提升能力

要達致全人發展，除了在課堂上吸收知識，更可從經歷中學習，吸取經驗提升各項能力。學生參與有趣的活動，例如體育及野外活動、音樂或藝術訓練、球類運動或義工服務等等，會很容易投入當中，寓學習於娛樂。在活動過程中，學生需要運用解難、創意、溝通、協作等能力，或將書本上學到的知識應用在實際情況。

課外活動亦能誘發他們的學習動機，學生會累積經驗，提升各項能力。當中他們難免會遇到挫折和失敗，但這正正是讓他們作為學習的一部分，只需要有適當的總結，檢討失敗的原因和反思更佳的方法，不單可在未來有更佳的表現機會及掌握成功關鍵，更有效提升面對挫折的能力。

2. 培育品德和待人接物的技巧

參與課外活動，亦是培養良好品德和學到正面積極處事態度的良機。例如，參與義務工作，會嘗試在不同層面接觸或服務弱勢社群，從而培養子女樂於助人的價值觀及策劃服務時所需的各種技能，包括團隊精神、溝通能力和社交技巧等。

即使是一些興趣活動，例如體育、音樂藝術、歷奇或山藝等項目，除了學習活動技巧外，子女們亦需要學習團隊協作、與人溝通、待人接物及情緒控制的技巧。又例如在參與如一些制服團隊時，其訓練模式涉及長時間操練，能讓子女學會守紀律、負責任感。在學習面對不同困難、挑戰或挫折的過程中，無疑能更能提升他們抗逆的能力，學會做各樣事情時抱有不輕言放棄的態度。這些都是在書本上學不到的東西。

3. 發掘潛能，規劃自己

課外活動更能讓子女尋覓自己的志趣。在成長路上，他們會經歷及學習不同種類的活動或興趣技能，若在探索過程中發掘到一些自己真正喜歡的活動或有天賦能力而可發揮得心應手的技能的話，他們便會表現積極、投入及熱衷。這些活動將成為他們生活的一部分。他們更會努力鍛鍊自己、積極投入。這種處事無疑令孩子學會為自己規劃及學習時間管理。

從課外活動中成長

曾鈺成

課外活動在現時的中學是平常不過的一回事，然而，曾鈺成表示，在他讀書的年代，學校只有很少課外活動。訪問中，他很強調課外活動的重要性，並分享自己讀書時期的經歷。

創辦文社，豐富文學底蘊

不說不知，曾鈺成曾是一位文藝青年。初中時，他非常欣賞中文老師的才華：「老師會和我們分享他的作品，例如詩歌、國畫等。他又會談律詩，我們便從中學會了平仄、押韻，開始評賞對聯，大家都想和他一樣寫得一手好字，又會吟詩作對。」

不久，他便與同窗創辦文社，名為「木鐸文社」，「木鐸」一詞取自《論語》：「天下之無道也久矣，天將以夫子為木鐸。」除了欣賞古文外，幾位年輕人更希望透過編輯及出版刊物，表達他們的思想、觀點、針砭時弊。曾鈺成憶述說：「當時我開始學人家投稿，第一篇作品是翻譯讀者文摘的文章，結果在《大公報》登了出來，開心得不得了。」回想起那段青蔥歲月，他自謙地笑言：「我們寫文章，然後自己印出來派給同學們，可都是寫些無病呻吟的東西。」

創辦學生會，培養領導才能

除了創辦文社，曾鈺成更是聖保羅書院的學生會創辦人之一。「在聖保羅書院讀書的時候，學校還未有學生會這個組織的。我在升讀中六時，沒由來地萌起了創辦學生會的念頭，於是便開始和其他同學商討詳情。」曾鈺成坦言那時候他們甚麼都不懂，只拿了一本香港大學學生會章程來作參考，便動手去寫自己學校的學生會章程。

曾鈺成分享創辦學生會的過程：「當年我們選學生會，老師並沒有大力支持，遇上資金短缺，無法印製校園刊物，我們便想到舉辦音樂晚會來籌款。然而學校有很多規矩掣肘，例如當我們要借學校的禮堂來舉辦音樂晚會，事前也要經過一輪和校長的洽商。」在籌辦音樂晚會的過程中，曾鈺成主動去邀請老師來演出及賣門票給同學，得到了策劃活動的有用經驗。由不可能變成可能，由零到一，雖是 50 多年前的舊事，曾鈺成說起來仍然興致勃勃，看得出是他是引以為為傲的。

課外活動的重要性

曾鈺成認為課外活動非常重要：「教師們在大學修讀教育時，無論他們學過多少理論，例如是『學生為本』、『學生為中心』、『自主學習』等等，但當他們一踏進課室，很自然就由自己做主導。試想想，一班有 30 至 40 人，若不採用集體學習模式，便會很混亂。然而在這種模式下，學生很難有和其他同學互動的機會。課外活動則不同，很多時候都是由同學們一手一腳去策劃的，老師不再做主導的角色，學生便能在這個過程中，訓練和別人的合作精神。」

「無論是創辦文社、抑或是組織學生會，整個過程就是由學生來做主導，不再是老師跟你說要怎樣做。當然，我們都試過撞板的，例如邀請老師來彈樂器，遭到拒絕，但我們卻能從失敗中自我檢討，然後慢慢成長。」

搞文社、學生會，於現在看來或者只是普通事，但在 50 年前那個年代，入大學是唯一上進渠道，曾鈺成以天之驕子身分行前人未行之路，不但無阻其後入讀港大並以一級榮譽畢業，這一段課外活動的經歷更鍛鍊了他應付困難的能力，也開啟獨立思考的人生路。

選擇課外活動小錦囊

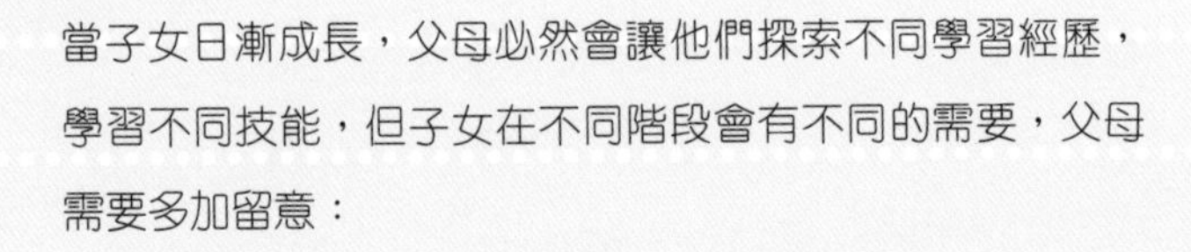

當子女日漸成長，父母必然會讓他們探索不同學習經歷，學習不同技能，但子女在不同階段會有不同的需要，父母需要多加留意：

1. **初小（年齡約 6 至 8 歲）：** 這個年紀的小朋友，年齡幼小，家長不妨讓子女參加不同的課外活動，讓他們多接觸不同的學習經驗，再從中觀察子女的興趣及天賦。

2. **高小（年齡約 9 至 11 歲）：** 隨著年紀漸長，子女的自我意識逐漸成形，他們開始知道自己喜好，懂得在已有的課外活動中選擇。父母不妨因應子女的能力及喜好，稍為集中幾項課外活動，藉此進一步了解子女的潛能。

3 **初中（年齡約 12 至 14 歲）：** 這個年紀的子女變得更獨立、更有主見，父母亦應在此階段學習放手，用讚賞的方式鼓勵子女參與課外活動，更重要的是讓子女有更多空間自行選擇課外活動。

4 **高中（年齡約 15 至 18 歲）：** 到了這個階段，子女的性格及自我已經成型，家長宜用正面的方式鼓勵子女繼續參與他們選擇的課外活動。若因功課繁重或考試將至，亦只宜稍加調整，不需因學業而強迫子女放棄興趣活動。

父母的角色是啟導者、支持者而不是操控者。父母應多與子女溝通，了解他們真正所想，由他們的能力、興趣出發，給予選擇興趣的機會。要留意子女的喜好及能力是不斷變化的，父母期望子女參加任何課外活動前應和子女溝通，切忌強迫子女。

第11道密碼

選擇適合的學校

選擇學校，首要考慮學校理念、子女的需要和對家庭的影響。每位父母在選校時都有心頭好，但切勿過分緊張，影響日常生活，令自己及家人飽受壓力。

在搜集資料時，父母首先會面對海量的資訊，當中有真有假，怎樣辨別真偽？怎樣篩選有用資料？這都是耗心耗力的過程。家長首先要有定力，在可靠的來源中找尋適量及適合的資料，切忌無休止地追蹤資料。

幼稚園選校

這個階段的小朋友會透過身邊人的反應和多元學習方式建立自信。在日常生活中若未能達成父母的期望，子女會覺得內疚。父母需要用更多正面的方式回應子女。

在選擇幼稚園時，很多父母會報讀面試班，又或很緊張子女面試，子女會感受到壓力。父母應該嘗試以鼓勵的方式，又或在面試後讚賞子女的表現，從而減輕他們的壓力，不要令子女覺得你對他們感到失望。例如：

「我們明天去幼稚園面試，有遊戲玩，也有唱歌仔，好不好？」

「剛才面試，我見到你笑了，你很可愛呀。」

近年有流言謂一兩歲就要張羅報讀幼稚園，令父母提心吊膽萬分緊張。父母在緊張擔心之餘，亦要留意報讀適量幼稚園。過猶不及，報讀太多間的話，子女在面試期間忙於奔命，影響表現之餘，亦影響身心健康。幼稚園年齡的學童，需要的是大量的玩耍和休息，不宜長途跋涉上學。除非父母有必讀的心頭好，否則幼稚園選校，宜選擇距離住宅較近的學校，方便子女上學。

小學選校

為子女選擇小學，真正重要的因素是學校是否適合子女。有些學校出名於傳統教育、另一些強調教育理念，亦有強調課外活動的，不一而足。家長很多時掌握的學校資訊只是道聽途說，所謂適合或者不適合好學校與否，未必是事實的全部。家長除了上網查找之外，亦可以透個親身參觀、和學生親身接觸等方法全面了解，以清楚學校的具體情況，再看看是否配合子女性格、特質、期望及家長期望等。

電視上，我們有時會見到父母及子女因未能進入心儀學校而淚流滿面，其實大可不必。在小學初期，子女的性格特徵和興趣長處均正處於形成期，仍未成型，將來或有改變，是故所謂適合與否，亦只是暫時性。在申報學校時，可以鼓勵子女努力，但不宜太過緊張，以免對子女產生太大壓力。父母可以考慮以下的鼓勵說話：

「聽說這間學校不錯，不如試一試？除了這間，還有這幾間也可以試試。」

與其催谷面試 ，父母反而應該多留意子女習性，給他們接觸多元學習的機會，發展其性格特質。

中學選校或轉校

到了中學，父母對子女的性格特性多了掌握，很多時會考慮轉校。有些會考慮英文中學，也有些會考慮轉往外國升學。

其實宗旨萬變不離其宗，任何選校或轉校決定，都要切合子女的性格和能力。在作出轉學決定前，家長一定要和子女商討，共同協商，切忌單方面決定。家長亦要考慮其適應新環境的能力。特別是中學中途轉學的，子女在原來的學校已經有一班朋輩友儕，已熟習既有環境，家長要判斷子女在轉校後身心的適應，缺乏朋輩支持下進入陌生的環境又有何影響？

讀聖賢書所為何事？

朱子穎

隨著孩子逐漸成長，普遍家長都為孩子選校而煩惱，希望為子女選擇一間合適的學校。朱子穎有一個四歲的兒子，他笑言自己最近在和太太商討要揀選哪一間小學，他提出首選條件是要跟自己的理念接近。

讀聖賢書所為何事？

談論何謂適合的學校之前，朱子穎說應該先退後一步，思考讀書是為了甚麼。他發現普遍家長為了孩子的前途著想，紛紛覺得讀好書便能搵好工。朱子穎說：「香港人把『教育』與『個人經濟能力』拉上關係，遠可追溯至中國歷代的科舉制度，近的可以說回香港 1960 年代由輕工業發展到知識型產業的經濟體，粵語長片告訴你『識英文可以脫貧』的人生哲理，再加上電視劇塑造出醫生、飛機師、律師等中產階級高品味生活，讓香港人打從心底中相信讀書入大學，便可以擁有如此優質的生活。」

朱子穎提醒家長需要認清時代的轉變，才能幫助孩子裝備好自己、踏進社會。「今天科技發展之快，不再是著重孩子的抄寫、背誦能力，我個人認為考試是最不合時宜的學習模式，難道你期望你的孩子在 2038 年『搵工』時，會告訴僱主自己的長處，是背誦書本了得嗎？」換言之，朱子穎認為昔日寒窗苦讀、背誦課文的日子已經過去，他坦言，現在很多僱主招聘新員工時，已不再單看學歷，反而更著重應徵者的「軟技能」（soft skills），例如應變力、創意、溝通和領導才能等。

了解學校的學習理念

作為小學校長，朱子穎開宗明義地說：「基本上，學生在香港任何一間小學就讀，我都很有信心孩子畢業以後，一定不是文盲，在香港六年的基礎教育上，任何一間學校的中、英、數課程也是相近的。」既然香港所有學校的課程、教師師資培訓及薪酬等都是相近，那麼家長究竟在選擇學校的甚麼呢？

朱子穎認為家長應了解學校讓學生學習的方法，他引用美國學者艾德格．戴爾（Edgar Dale）提出「學習金字塔」（Cone of Learning）的理論，進一步說明：「學生在學習一件新事物兩個星期後，透過閱讀學習只能學得內容的 10%；透過聽講學習能夠記住內容的 20%；但參與討論、提問、發言來學習的能夠記住 70%；做報告、體驗、實際操作能夠記住 90%。」朱子穎建議家長選校時，可按孩子對學習方法的口味出發，他打趣地說：「因為你不可能要求西式快餐店能做出中式叉燒包。」當家長和學校學習理念一致時，便能更有效地提升孩子的學習能力。

回到最初的問題，讀書是為了甚麼？朱子穎認為這個問題並沒有標準答案，可以留白讓大家思考一下。作為教育工作者，他希望打破固有思想，盡力善用制度中的縫隙與空間，實踐他心目中的教育本義：培養下一代用自己的力量，解決這一代未處理好的問題。

選校小錦囊

1. 關於各學校的面試秘技、網上傳聞、朋友耳語只可參考，不能盡信。

2. 坊間有所謂學校排名榜，選擇相信之前，一定要問清數據來源。

3. 面試前，家長和子女都要放鬆心情，最重要是有充足的休息。

4 面試完畢，不要立即檢討表現，先帶子女輕鬆一下？吃一個雪糕或者去公園玩一趟吧！下一次子女面試時就會輕鬆得多。

5 若果子女面試不如理想，不要責罵埋怨，何不輕鬆讚賞：「剛才你有些地方做得好好，你知道是甚麼嗎？」、「原來幼稚園有這樣多小朋友，讀幼稚園一定好開心。」。即使檢討表現，也可以輕鬆一些關心：「剛才你沒出聲，有甚麼心事嗎？」、「你剛才一定好緊張，讓媽媽抱一下吧。」

6 催谷課外活動要適可而止：課外活動和證書不是愈多愈好，數量並不代表能力或天賦，反而可能扼殺子女的學習能力。

第12道密碼

家庭與學校配合

究竟是學校還是家庭的責任？

時有所聞，有家長埋怨學校未能教好子女，但亦有學校抱怨家長縱容子女。究竟子女成才，甚麼地方靠學校、甚麼地方靠家庭？這是一個雞和雞蛋的問題。

當我們提及培養子女成才需要家庭與學校配合之前，我們首先要分辨清楚學校及家庭的角色。學校是提供知識的地方，讓學生得到正規及有系統的學習，以教育專業提升學生的學業成績、自學能力、智力發展及學習態度及品行等。學生的成長，學校固然是重要一環，但學校並不是孤島，學生的成長會受其生活環境影響。至於家庭的角色，是提供品格培養的地方及環境。正所謂「習慣成自然」，子女每日的言行，其實都是由日常生活中培養出來，故子女在家的生活習慣，其實是定下子女良好品格的基石，在品格培育方面，家庭明顯扮演著主力的角色。

所以，培育子女成才，一方面要有良好的學校教育，另一方面亦需家庭的積極配合：

主動與學校保持聯繫

家長除了解子女在校的學業成績外，也需要了解子女在校的其他表現，例如子女與老師及同學相處的情況、子女的能力，讓家長在家中按子女在校情況向子女提供品格培養。同時，家長要善用不同的途徑與老師接觸，例如出席家長日、有需要時主動與學校聯絡，讓老師知道子女在家的學習情況及需要，與家長配合一同處理。

積極參與學校活動

家長可以透過參與學校家教會及學校活動，表示支持學校，亦可藉此機會加深認識學校，增加子女及整個家庭對學校的歸屬感，讓子女覺得家長與他一樣緊張與學校的關係，為子女提供身教的機會。

以持平態度處理學校的意見

當學校向家長提出子女的問題時，家長要以持平的態度面對，千萬不要過分維護或只完全接受老師對子女的意見。最好的方法是主動了解老師對事情的看法，同時關心子女的需要，與校方坦誠分享作為家長對事情的意見，最終尋求共識，一同解決問題。其實老師的工作能得到家長正面回應和合作，能提升老師對工作的投入及自信，令他們更願意為子女付出。

在子女的成長過程中，父母都會面對許多突如其來的衝擊，未必能獨自應付，這時便很需要學校在背後作支援，只要明白彼此角色重點，並互相配合，對子女的培育將會有更大的果效。

持平地和學校溝通

郭致因

郭致因憶述大女兒當年考 GCSE（英國普通中學教育文憑考試），獲得佳績，並以 16 歲之齡拔尖到香港大學醫學院。看著她順利入讀了醫科，郭致因當然萬分歡喜。然而，她萬萬沒有想到，有一天女兒會回家跟她說：「媽媽，我不想再讀下去了。」郭致因嘆了一口氣說：「你作為母親，那一刻你會有甚麼感覺？」

不過，當時郭致因很快就控制好自己的情緒。她知道要了解女兒背後的原因，發現原來女兒認為這個醫療制度有很多弊端，導致讀書讀得很不快樂，她舉例說明：「女兒第三年開始上病房。她跟我說，發覺醫生們巡房的時候，病人不會受到尊重，因此不希望在這個體制下接受訓練。」

她想到的並不是游說女兒留下來，反而是覺得應該和學校一起合作，看看有沒有方法可以解決女兒的困惑。有些家長會走上學校，希望學校為子女做些甚麼，或者為子女向學校爭取甚麼。但郭致因選擇找女兒的老師一起商討應對方法，讓大家了解對方的想法。她發現校方也關心女兒，亦欣賞女兒年紀輕輕，已經留意到制度問題。在開心見誠的討論下，最後大家都支持女兒離開的決定。沒多久，女兒便考進了一間美國大學，就讀國際關係科（International Relationship），更飛往瑞士的世界衛生組織實習交流，了解各地人們的需要。不說不知，原來女兒的大學老師有份推薦她入讀這間大學。

女兒轉校後，發現美國大學的自由度很大，容許同學作多方面的嘗試，「在這個過程中，充分發揮了女兒的長處，最後更為她贏得紐約一家顧問公司的暑期工。」看著女兒終能愉快地學習，郭致因終於能放下心頭大石。回望當日，她慶幸能了解女兒的心事，亦能夠和學校互相配合，及早作出適合女兒的決定。

大學如是，中小學呢？郭致因兩個女兒自小入讀本地的傳統學校。入讀前，她搜集了不少資料，確定自己和學校的想法一致；到了大女兒升上中二，覺得

需要有更廣闊的世界才為她轉校，然後小女兒又跟著轉去同一間學校。她覺得女兒當初接受了傳統的教育，打好基礎再轉去自由度較高的學校是一個適合她們性格發展的安排，也是考慮學校最重要的因素。

轉校，是細心考慮過，在入學之前有充分的互相了解，也因此能以持平態度處理學校的意見。就兩個女兒的求學過程，郭致因說出了關鍵的兩點：和學校緊密聯繫之餘，也要持平地和學校溝通。

家庭與學校配合小錦囊

1. 多留意學校的消息，和學校、老師保持緊密溝通，了解子女在學校的生活情況。

2. 多以家長身分參與學校活動，與學校建立良好的關係及有效的聯繫方法，了解學校的要求及傳統。

3. 父母的管教應和學校一致，如有不同及困難之處，雙方應開誠溝通，互相配合。不要向子女抱怨，令其誤會學校的管教。

4. 當學校向父母提出子女的問題時，要以持平的態度面對，保持中立及願意合作的態度處理，尋求共識。

青協・有您需要

香港青年協會（簡稱青協）於 1960 年成立，是香港最具規模的非牟利青年服務機構。主要宗旨是為青少年提供專業而多元化的服務及活動，使青少年在德、智、體、群、美等各方面獲得均衡發展；其經費主要來自政府津貼、公益金撥款、賽馬會捐助、信託基金、活動收費、企業及個人捐獻等。

青協設有會員制度與各項專業服務，為全港青年及家庭提供支援及有益身心的活動。轄下超過 70 個服務單位，每年提供超過 25,000 項活動，參與人次達 600 萬。青協服務以青年為本，致力拓展下列 12 項「核心服務」，以回應青少年不斷轉變的需要；同時亦透過「青協 會員易」(easymember.hk) 平台及手機應用程式，全面聯繫 45 萬名登記會員。

青年空間

本着為青年創造空間的信念，青協轄下分佈全港各區的 22 所青年空間，致力聯繫青年，使青年空間成為一個屬於青年、讓青年發展潛能和鍛鍊的活動場所。在專業服務方面，青年空間積極發展及推廣三大支柱服務，包括學業支援、進修增值和社會體驗。各區的 M21@ 青年空間，鼓勵青年發揮創意與想像力，透過媒體製作過程，加強對社區的歸屬感，促進與社區互動。近年青年空間更設有 LEAD Lab，進一步為青少年提供在社區學習創意科藝的平台。「鄰舍第一」計劃也是社區青年工作的重要一環；而「社區體育」計劃則致力培養青年對團隊運動的興趣，從而推動團結、無懼、創新、奮鬥及堅持的信念。

M21 媒體服務

青協致力開拓網上服務、社交網絡及新媒體，緊貼青少年的溝通模式，並主動加強與他們的聯繫。青協轄下 M21 多媒體互動平台，集媒體實驗、媒體教室和媒體廣播於一身。M21 最大特色是「完全青年」，凝聚青少年組成製作隊伍，以新媒體進行創新和創作；其作品更可透過 M21 青協網台、校園電視和社區網絡進行廣播，讓他們的創意及潛能得到社會更廣泛認同和肯定。

輔導服務

青協的全健思維中心結合學校社會工作組、青苗計劃、媒體輔導中心及青年全健中心的服務，透過「關心一線 2777 8899」、「uTouch」網上外展、駐校社工及學生支援服務，全面為青年提供專業支援及輔導網絡，重點關注青少年的情緒健康、戀愛與性、學習障礙，以及媒體素養。

邊青服務

青年違法防治中心透過轄下地區外展社會工作隊、深宵青年服務和青年支援服務，為面對危機、犯罪青少年、受害者及其家人，就「犯罪違規」、「性危機」及「吸毒」三大重點問題，提供預防教育、危機介入與評估，以及輔導治療。另外，中心亦推動專業協作和研發倡導。「青法網」和「違法防治熱線 8100 9669」，為公眾提供青少年犯罪違規的資訊和求助方法。青協於上環永利街亦為有需要的青少年，提供短期住宿服務。

就業支援

青協一直倡導「生涯規劃」概念，透過青年就業網絡，恆常舉辦多元化活動和升學就業支援服務，協助青少年順利由學校過渡至工作環境。為協助青少年實踐創業理想，青協自 2002 年起推行多個重點項目，包括：香港青年創業計劃、青協賽馬會社會創新中心、青年創業學及社創挑戰賽；另亦提供創業孵化計劃、種籽基金、共用辦公空間、創業導師及業務支援等。「前海深港青年夢工場」及每年舉辦的「世界青年創業論壇」則為本地初創青年創業者拓展中國內地及海外市場的商機。

領袖培訓

青年領袖發展中心至今已為接近 15 萬名學生領袖提供有系統及專業訓練，並致力培育本地更多具潛質的青少年。其中《香港 200》領袖計劃，每年選拔具領導潛質的青年學生，培養他們願意為香港貢獻的心志。而「香港青年服務大獎」，旨在表揚持續身體力行，以服務香港為己任的青年，期望他們為香港未來添上精彩一筆。中心與國際知名的「薩爾斯堡全球論壇」合作，在港舉辦培訓活動，讓本地青年開拓更廣闊的國際視野。青協已參與活化前粉嶺裁判法院，成為全港首間香港青年協會領袖學院，下設四個院校將重點培訓領袖技巧、傳意溝通、全球視野及社會參與。

義工服務

青年義工網絡（簡稱 VNET）是香港最大型並以青年為主要對象的義工網絡。現時登記義工人數已超過 20 萬，每年為社會貢獻超過 80 萬小時服務。每年舉辦的「有心計劃」，連繫學校與工商企業，合力推動學生服務社區之餘，亦鼓勵企業實踐公民責任。VNET 近年推出「好義配」義工搜尋器(easyvolunteer.hk)，讓義工隨時搜尋合適的義工服務機會，真正達致「做義工，好義配」。

家長服務

青協設有家長全動網，於網上提供豐富和最新資訊，並在各區提供專業調解服務，協助家長及其青少年子女化解衝突。另亦舉辦多元化的家長學習課程、講座、小組工作坊及家庭教育活動，鼓勵家長和青少年子女增進知識、同步成長。近年推出的「親子調解大使計劃」，旨在強化家長之間的支援網絡，促進家庭和諧。

教育服務

青協設有兩所非牟利幼稚園及幼兒園、一所非牟利幼稚園、一所資助小學及一所直資英文中學。五校致力發展校本課程，配以優良師資及具啟發性的教學環境，為香港培養優秀下一代，達致全人教育的目標。青協生活學院則致力鼓勵青年享受生活、學習生活，讓持續學習與生活融為一體。學院的課程環繞興趣、技能和生活體驗，協助參加者拓展個人潛能，促進優質生活。

創意交流

青協創意教育組於青年空間成立 LEAD Lab，透過著重「學習・應用・交流」的一站式創意科藝課程，致力培養青少年對 STEM 的興趣和潛能。此外，青協亦透過舉辦「香港學生科學比賽」、「香港 FLL 創意機械人大賽」、「香港機關王競賽」、「創意編程設計大賽」等，促進青少年的創新思維。此外，青協青年交流部致力提供國際交流機會，藉舉辦內地和海外體驗式考察和交流活動，協助青年加深認識國家發展，並建立國際視野。

文康體藝

青協轄下四個營地及戶外活動中心，提供多元的康體設施及全方位訓練活動，增強青少年的抗逆力和個人自信，建立良好溝通技巧和團隊合作精神。設於國內中山三鄉的青年培訓中心，透過考察和體驗活動，促進青少年對中國歷史文化和鄉鎮發展的認識。此外，本會的「香港旋律」青年無伴奏合唱團、「香港起舞」青年舞蹈團、「香港樂隊」青年樂隊組合及「香港敲擊」青年敲擊樂團，致力培育青年對文化藝術的涵養及表演藝術才華，展現他們參與的創意與熱誠。

研究出版

青協青年研究中心多年來持續進行有系統和科學性的青年研究。其中《香港青年趨勢分析》及《青年研究學報》，一直為香港制定相關政策和籌劃青年服務，提供重要參考。中心成立的青年創研庫，由本地年輕專業才俊與大專學生組成，就經濟與就業、管治與政制、教育與創新及社會與民生四項專題，定期發表研究報告。此外，青協專業叢書統籌組定期出版各類與青年工作相關的書籍；每季出版的英文刊物《香港青年》，就有關青年議題作出分析和探討，並比較香港與其他區域的青年狀況；雙月刊《青年空間》中文雜誌則為本地年輕人建立平台，分享他們的故事和體驗。

香港青年協會
家長全動網

青協家長全動網（簡稱全動網）是全港最大的家長學習和支援網絡，積極推動「家長學」。家長責任重大；在不同階段教養子女，涉及的知識廣泛，需要不斷學做家長，做好家長。全動網分別在網上和全港各區鼓勵家長積極參與各項親職學習課程，促進交流和自學，幫助家長與子女拉近距離、適切處理兩代衝突，以及培養子女成才。

全動網凝聚家長組成龐大互助網絡，透過彼此扶持與持續學習增值，解決親子難題，與子女同步成長。

香港青年協會家長全動網
網址：www.psn.hkfyg.hk
地址：觀塘坪石邨翠石樓地下
電話：2402 9230
傳真：2402 9295
Facebook 專頁：青協家長全動網
電郵：psn@hkfyg.org.hk

Donation / Sponsorship Form
捐款表格

Please tick (✓) boxes as appropriate 請於合適選項格內，加上"✓"：

I / My organization am / is interested in donating HK$________________ to HKFYG by:
本人 / 本機構願意捐助港幣____________元予「青協」。

*☐ Crossed cheque made payable to "The Hong Kong Federation of Youth Groups".
Cheque No. 支票號碼:________________________ (劃線支票抬頭祈付：香港青年協會)

*☐ Direct transfer to the Hang Seng Bank, account name: "The Hong Kong Federation of Youth Groups" account number: 773-027743-001
(Please fax the bank's receipt together with this form to Partnership and Resource Development Office at 3755 7155 or send by mail to the address* below)
存款予本會恒生銀行賬戶(號碼: 773-027743-001)，請將銀行存款證明連同捐款表格，傳真至3755 7155「伙伴及資源拓展組」，或寄回以下*地址。

☐ PPS Payment
Registered users of PPS can donate to the Federation via a tone phone or the Internet. The merchant code for The Hong Kong Federation of Youth Groups is 9345. For further details, please feel free to call the Partnership and Resource Development Office at 3755 7101 / 3755 7102.
繳費靈登記用戶，可透過繳費靈服務捐款予香港青年協會，本會登記商戶編號：9345。詳情請致電3755 7101 / 3755 7102 香港青年協會「伙伴及資源拓展組」查詢。

☐ Credit Card ☐ VISA ☐ MasterCard
One-off donation of HK$or____________ Regular donation of HK$____________ per month
一次過捐款，金額為港幣____________元 或 金額為每月港幣____________元
Card No________________________ Expiry Date____________(mm/yy)
信用卡號碼________________________ 信用卡有效期____________日期(月/年)
Name of Card Holder________________ Signature of Card Holder____________
持卡人姓名________________________ 持卡人簽署________________

Name of Donor 捐款人姓名:________________________________
Name of Sponsoring Organization 贊助機構名稱:________________________
Name of Contact Person 聯絡人:________________________________
Phone No. 聯絡電話:________________ Fax No. 傳真號碼:________________
Email 電郵:____
Correspondence Address 地址:________________________________
Name of receipt 收據抬頭：________________________________

Receipts will be issued for all donations over HK$100 and are tax-deductible.
所有港幣100元或以上捐款，將獲發收據作申請扣稅之用。

*Please send this donation/sponsorship form with your crossed cheque/the bank's receipt to:
The Hong Kong Federation of Youth Groups
Partnership and Resource Development Office
21/F, The Hong Kong Federation of Youth Groups Building, 21 Pak Fuk Road, North Point, Hong Kong
*捐款表格、劃線支票/銀行存款證明，敬請寄回：
香港北角百福道21號香港青年協會大廈21樓
香港青年協會「伙伴及資源拓展組」

培育子女成才的 12 道密碼

出版　　　　：香港青年協會
訂購及查詢　：香港北角百福道 21 號香港青年協會大廈 21 樓
電話　　　　：(852) 3755 7108
傳真　　　　：(852) 3755 7155
電郵　　　　：cps@hkfyg.org.hk
網頁　　　　：hkfyg.org.hk
M21 網台　　：M21.hk
版次　　　　：二零一八年七月初版
國際書號　　：978-988-77134-1-8
定價　　　　：港幣 100 元
顧問　　　　：何永昌
督印　　　　：呂慧蓮
撰文　　　　：柯美君
編輯委員會　：魏美華、凌婉君、蕭燦豪、韓曄、陳燕文、鄭芷琪
執行編輯　　：林茵茵、周若琦
特別鳴謝　　：曾鈺成（大紫荊勳賢，GBS，JP）、朱子穎、郭致因
設計及排版　：樂設計有限公司
製作及承印　：活石印刷有限公司

Nurture Your Kid - 12 Ideas

Publisher　:　The Hong Kong Federation of Youth Groups
21/F, The Hong Kong Federation of Youth Groups Building,
21 Pak Fuk Road, North Point, Hong Kong
Printer　:　Living Stone Printing Co Ltd
Price　:　HK$100
ISBN　:　978-988-77134-1-8

下載青協APP

Download on the App Store　GET IT ON Google play